1 Das Mittelmeerbecken ohne Wasser. Darstellung der untermeerischen Bodenbeschaffenheit nach Tiefenmessungen von Bruce Heezen, Marie Tharpe und William B. F. Ryan vom Lamont-Doherty-Observatorium für Geologie. M. frdl. Gen. von Marie Tharpe.

HAR
NACK

Kenneth J. Hsü

DAS MITTELMEER WAR EINE WÜSTE

Auf Forschungsreisen mit der Glomar Challenger

HARNACK

Aus dem Amerikanischen übersetzt von
Dr. Joachim Rehork

Für Christine, Elisabeth, Martin, Andreas, Peter
und alle, die zu Hause blieben

CIP-Kurztitelaufnahme der Deutschen Bibliothek

Hsü, Kenneth J.:
Das Mittelmeer war eine Wüste:
auf Forschungsreise mit d. »Glomar Challenger« /
Kenneth J. Hsü. [Aus d. Amerikan. übers. von
Joachim Rehork]. – München : Harnack, 1984.
Einheitssacht.: The Mediterranean was a desert
⟨dt.⟩
ISBN 3-88966-012-6

Copyright der deutschen Ausgabe
© Harnack Verlag, München 1984
Titel der amerikanischen Originalausgabe:
»The Mediterranean Was a Desert«
Zuerst erschienen bei Princeton University Press, Princeton,
New Jersey 1983
© 1983 Princeton University Press
Umschlaggestaltung: Manfred Limmroth
Gesamtherstellung: Appl, Wemding
Printed in Germany
ISBN 3-88966-012-6

Inhalt

Vorwort

Das Mittelmeer – vielleicht einmal trockenes Land? Eine faszinierende Entdeckung! Sie fand weit mehr Echo als andere, wichtigere, aber weniger erregende Taten der Wissenschaft. Es war 1970, als sich das Drama abzuzeichnen begann. Bill Ryan und ich waren gemeinsam wissenschaftliche Leiter des Tiefseebohrvorhabens im Mittelmeer. Zur Seite stand uns eine Gruppe erfahrener Paläontologen und Sedimentologen, denen wir im Bereich ihrer jeweiligen Spezialgebiete so manchen unschätzbaren Ratschlag verdanken. Hinzu kam eine hart arbeitende Bohrmannschaft als eigentliches Rückgrat all unserer Vorhaben.

Ermöglicht wurde unsere Entdeckung erst durch all die Gremien und Institutionen, welche die Voraussetzungen für die Mittelmeer-Kreuzfahrt der *Glomar Challenger* schufen: die »Vereinigten Ozeanographischen Institute zur Erforschung von Tiefbodenproben« (*Joint Oceanographic Institutions Deep Earth Sampling*, JOIDES) als Planungsinstanz, das »Tiefseebohrprojekt« (*Deep Sea Drilling Project*, DSDP) als ausführendes Organ, die *National Science Foundation* als Förderer, den Kongreß der Vereinigten Staaten als Geldgeber und die einfallsreichen Pioniere der (heute nicht mehr existierenden) *American Miscellaneous Society*. Von ihnen stammt die Idee, Tiefseebodenbohrungen durchzuführen. Keine Frage also – unser Erfolg beruhte letztlich auf dem gemeinsamen Zusammenwirken vieler.

Manche deutschsprachigen Journalisten ersetzen den englischen Ausdruck *drilling cruise* (»Bohr-Kreuzfahrt«) durch »Bohrungskampagne«. Und wirklich wird die Bezeichnung *Kampagne* (»Feldzug«) dem, was wir taten und erlebten, weit eher gerecht als die verharmlosende Bezeichnung »Kreuzfahrt«, die an Urlaubsreisen erinnert. Wir aber unternahmen keine »Kreuzfahrt« zu unserem Vergnügen. Vielmehr zogen wir gegen die Natur zu Felde und verloren nahezu jede Schlacht. Deshalb formulierte nach sechs Wochen unaufhörlicher Enttäuschungen jemand aus unserer Mannschaft »Charlies Gesetz«: »Es gibt hundert Möglichkeiten, das Falsche zu tun, und wir probieren sie alle aus.« Teilweise liest sich das Logbuch unseres Forschungsschiffes wie eine nicht enden wollende Liste von Katastrophen, die gnadenlos über uns hereinbrachen. Immer wieder hinderte uns eine Formation harten Felsgesteins, unser Ziel zu erreichen. Schließlich aber wurde unsere Mühe reichlich belohnt. Wenn auch widerwillig, gab die Natur doch ihr Geheimnis preis, und wir hatten unsere Sensation.

Zwei Monate lang waren wir 69 Personen an Bord der *Glomar Challenger*. Wir waren eine bunt zusammengewürfelte Gesellschaft. Doch jeder diente auf seine Weise hohen wissenschaftlichen Zielen. Da gab es die »Rauhbeine« der Bohrmannschaft, jene »harten Burschen«, die mit schwieligen Händen schwerste Arbeit verrichteten, es gab Seeleute, den *operations manager,* der für die technische Durchführung des Forschungsvorhabens verantwortlich war, den Kapitän und das technische Personal des Schiffes. Sie alle hatten schwierige Aufgaben zu erfüllen und gaben ihr Bestes. Dann waren da noch wir Wissenschaftler. Unserer kleinen Gruppe oblag die »Entschlüsselung« der erhobenen Befunde. Und es ließ sich nicht vermeiden, daß wir nicht nur mit dem Verstand, sondern mit unserem ganzen Herzen an die Lösung unserer Probleme herangingen.

Doch da unsere Gefühle im Spiel waren, wurde aus sachlichen Auseinandersetzungen, aus rein intellektuellen Meinungsverschiedenheiten, nicht selten echter Streit. Es kam zu Mißstimmung. Manch einer empfand die Notwendigkeit, nachzugeben und Kompromisse zu schließen, als persönliche Zurücksetzung. Man beklagte sich beieinander übereinander, war gereizt und mißverstand sich. Hin und wieder freilich blitzte auch so etwas wie Heiterkeit und Situationskomik auf. Wie auch immer – den ersten Entwurf dieses Buches brachte ich mitten in der »Hitze des Gefechtes« in der Bohrhütte des Bohrschiffes zu Papier und überging dabei keine unserer kleinen, situationsbedingten Freuden, aber auch keinen Ärger und keine Enttäuschung. Gewiß – den harten Burschen der Bohrmannschaft müssen wir mit unserer Empfindlichkeit ziemlich zimperlich erschienen sein.

Ich selber habe mir im Lauf späterer Jahre angewöhnt, die damaligen Vorgänge mit den Augen jener Bohrleute zu betrachten, denen man eine gewisse praktische Lebenserfahrung und Lebensweisheit durchaus nicht absprechen kann. So sind mir vom Leben auf der *Glomar Challenger* nur freundliche, angenehme Erinnerungen geblieben. Wir alle waren einfach Menschen, ganz gewöhnliche Menschen – eine große, glückliche, wenn auch bisweilen ein wenig streitlustige Familie in einer winzigen Oase weitab vom normalen Alltag der verrückten Menschenmassen anderswo.

Nicht immer lassen sich auf den folgenden Seiten Fachausdrücke, Abkürzungen und Akronyme (eine Abkürzungs-Sonderform: Kunstwörter aus den Anfangsbuchstaben der eigentlichen vollen Bezeichnungen wie z. B. JOIDES) vermeiden. Doch wenn es den Fluß des Textes nicht unterbricht, versuche ich stets, derartige Ausdrücke zu erklären, sobald ich sie zum ersten Male verwende. Im übrigen sei auf die Erklärung der Fachausdrücke am Ende dieses Buches verwiesen.

Ed Tenner, dem für Naturwissenschaften zuständigen Lektor der *Princeton University Press* verdanke ich die Anregung, mein Rohmanuskript zu überarbeiten und zur Satzreife auszufeilen. Bei der Textbearbeitung beriet mich Xavier Le Pichon, dem ich mich ebenso verbunden fühle wie Carolina Hartendorf, die mir beim Zustandekommen der Reinschrift half. Sehr angenehm gestaltete sich die Zusammenarbeit mit Tam Curry, einer hervorragenden Lektorin der *Princeton University Press*. Darüber hinaus gilt mein Dank all jenen Einzelpersonen und Institutionen, die mir Fotos aus ihren Beständen zur Verfügung stellten. Es sind dies: Olivier Leenhardt (Abb. 4), Marie Tharpe (Abb. 1), die *American Geophysical Union* (Abb. 16 und 17), die *Geological Society of America* (Abb. 25) sowie das *Deep Sea Drilling Project* (Abb. 12, 13, 14, 18, 19, 20, 21, 22, 24, 28 und 36). Dank auch Urs Gerber und Albert Uhr für ihre fotografischen Arbeiten. Zu guter Letzt aber möchte ich Bill Ryan ein Zeichen meiner außerordentlichen Wertschätzung und Verbundenheit übermitteln.

Was ich geschrieben habe, zeugt von einer Freundschaft, die auf hoher See entstand.

Kenneth J. Hsü

Prolog

»In jenen Tagen, bevor die Wasser des Ozeans in das Mittelmeergebiet eingebrochen waren, legten sich Schwalben und zahlreiche andere Vogelarten die Gewohnheit zu, nach Norden zu fliegen – eine Gewohnheit, die sie noch immer zwingt, den Flug über die gefahrvollen Meeresfluten zu wagen, welche heute die Abgründe des einstigen Mittelmeerraumes und deren Geheimnisse unter sich begraben«.

H. G. Wells, *The Grisly Folk.*

Schon wieder hatten Bill Ryan und ich eine schlaflose Nacht hinter uns. Beide waren wir todmüde, hatten wir doch noch keine richtige Nachtruhe gefunden, seit wir vor zehn Tagen Lissabon verlassen hatten. Es war Morgen. Wir schrieben den 24. August 1970, und die *Glomar Challenger* befand sich 180 km vor der Küste Kataloniens, dem nordöstlichen Teil der spanischen Mittelmeerküste mit Barcelona als Zentrum (Abb. 2). Ryan war entmutigt. Mehr als zehn Jahre seines Lebens hatte er damit zugebracht, mit dem ausgeklügeltsten technischen Rüstzeug, über das ein Geophysiker nur verfügen kann, den Boden des Mittelmeerbeckens zu untersuchen. Er wußte: Dort unten in der Tiefe gab es seltsames Felsgestein, das sämtliche akustischen Signale reflektierte, die man hinabsandte. Nun hatten wir gar ein Bohrschiff und konnten uns durch den Tiefseegrund hindurchfressen. Eine Probe – und sei es auch nur ein kleiner Splitter – des fraglichen Gesteins hätte vielleicht des Rätsels Lösung gebracht. Und doch waren wir dieser Lösung nicht nähergekommen. Offensichtlich war es unmöglich, auch nur einen winzigen Brocken des geheimnisvollen Materials ans Tageslicht zu fördern. In der vergangenen Nacht hatten wir uns endlich unserem Ziel nahe geglaubt, doch dann war das Bohrgestänge im Bohrloch steckengeblieben. Als schließlich der zylindrische Behälter geborgen war, der die erbohrte Sedimentprobe enthielt, rief man mich. Doch wir fanden nichts – nur Sande und Kiese.

In meiner Jugend hatte ich Dickens' Roman *Eine Geschichte zweier Städte* gelesen. Dabei hatte mich stets das – wie es mir damals schien seltsame – Verhalten des Arztes verblüfft, der in unangenehmen Situationen und Krisen mit seinem Foltergerät zu hantieren begann. Die Zusammenarbeit mit Ryan aber machte mir klar, wie sehr es einem über Schwierigkeiten hinweghalf, sich ganz irgendwelchen Routinearbeiten zu widmen, die einem geläufig sind und gleichsam von selbst von der Hand gehen. Ryan verschwendete kein Lächeln an den Kies im Zylinder, sondern legte den Behälter einfach in die Spüle unseres Bohrkern-Labors und begann, die feineren Schlamm- und Tonpartikel auszuwaschen. Dann sonderte er den Sand und die erbsengroßen Kiesstückchen aus, trocknete sie auf einer heißen Platte und klebte sie säuberlich der Reihe nach auf papierene Objektträger auf. Ich saß dabei und sah schweigend zu. Doch mein Interesse begann sich zu regen, als Bills Sammlung größer und größer wurde. Die gröberen Kies-»Erbsen« maßen etwa 5 bis 7 Millimeter im Durchmesser. Und ihre schimmernden Kristalle waren aus Gips. Bei Gips aber handelt es sich um Kalziumsulfat – ein Evaporit, dessen Bezeichnung davon herrührt, daß es der Verdunstung (Evaporation) des Meerwassers sein Entstehen verdankt. Heute findet man Gips als Verdunstungsrückstand in Meerschlamm-Ablagerungen an ariden Küsten, desgleichen in älteren Evaporitformationen an Land. Niemand aber würde Gips ausgerechnet in einem Tiefsee-Sedimentkern vermuten – und erst recht nicht in einer Kiesablagerung. Überhaupt sind Sande und Kiese an sich schon recht ungewöhnlich für den Tiefseegrund, wo eigentlich Tone das vorherrschende Element darstellen. Gelegentlich läßt eine Lockermaterial-Lawine, die an einem unterseeischen Steilhang niedergeht, eine trübe Unterwasserströmung voller frei im Wasser schwebender Schlamm-, Sand- und Kiespartikel entstehen. Man bezeichnet ein solches Phänomen international als *turbidity current* (aus den englischen Wortbestandteilen *turbidity* = »Trübung« und *current* = »Strömung«). Eine solche »Trübungs-Strömung« vermag selbst größere Mengen des Lockermaterials eines Sandstrandes bis in Hunderte von Kilometern entfernte Tiefenbereiche zu transpor-

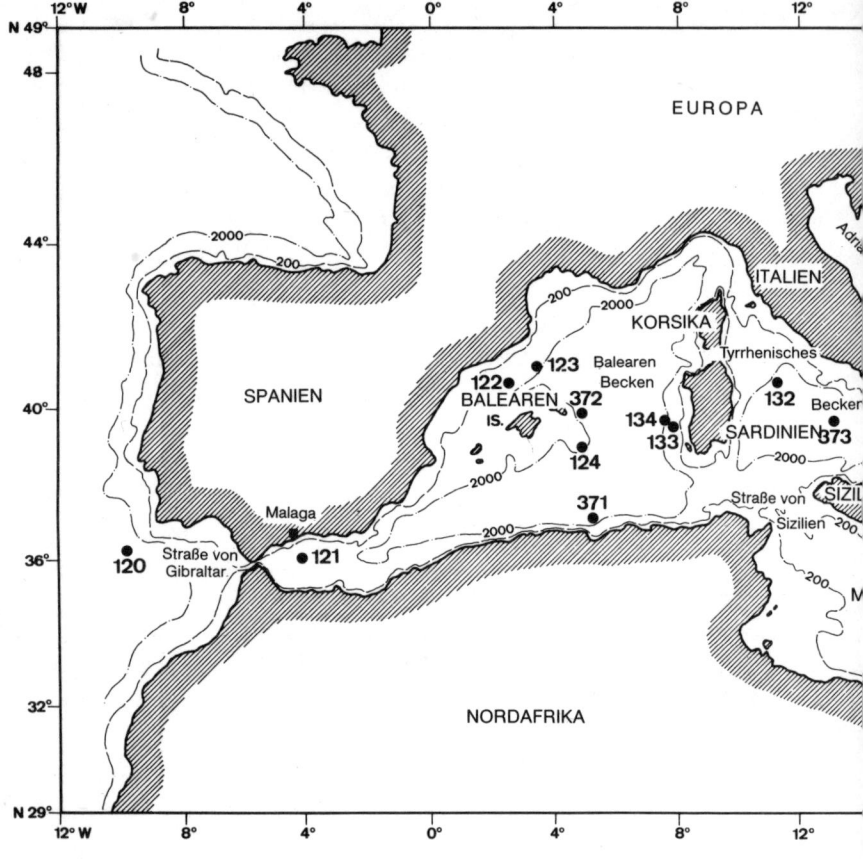

tieren. Gipsführende Sande oder Kiese indessen hatte man bis zur Stunde noch nirgendwo auf dem Meeresboden gefunden. Jedenfalls lagen noch keine einschlägigen Berichte vor. Übrigens hätten wir es bei von Erosionsvorgängen an Land herrührenden Kiesen mit anderen Gesteinstypen zu tun haben müssen, wenn das, was hier vor uns lag, aus älteren Formationen des spanischen Küstengebietes an unsere Bohrstelle verschlagen worden wäre. Zunächst einmal hätte Quarz vorhanden sein müssen, der Hauptbestandteil aller Sande. Weiterhin hätte man Feldspat erwarten dürfen, Granitfragmente, Stückchen von Rhyolith bzw. Liparit (einem vulkanischen Ergußgestein), schließlich Gneise, Schiefer und andere Metamorphite (metamorphe Gesteinsarten, die durch anomale Temperatur-Druck-Bedingungen eine *Metamorphose*, »Umwandlung«, erfahren hatten), dazu vielleicht noch Einsprengsel von

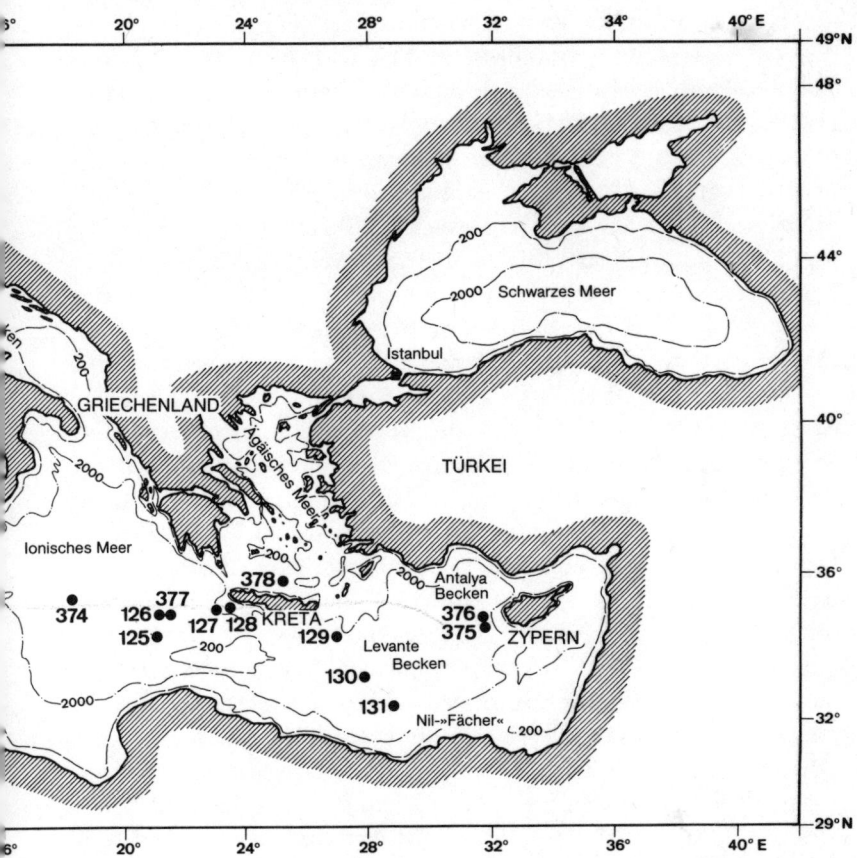

2 Bohrstellen des Tiefseebohrprojektes, DSDP. Bohrlöcher 120 bis 134 stammen von der Leg-13-Expedition, 371 bis 378 von der Leg-42A-Kampagne. Man sieht die 200- und 2000-Meter-Tiefenlinien.

Quarzit, Sandstein, Tonschiefer und Karbonaten, wie sie auf Festlandssockeln anzutreffen sind. Doch nichts dergleichen kam zum Vorschein. Statt dessen fanden wir eine seltsame Vergesellschaftung von Erosionsschutt. Außer dem Gips ließen sich noch drei weitere Bestandteile identifizieren, die nur selten in einer Kiesschicht vorkommen: ozeanische Basalte, verhärteter Globigerinenschlamm und eine ungewöhnliche Fauna äußerst winziger Muscheln. All dies schien von einem ehemaligen Meeresboden zu stammen – genauer: von einem *ausgetrockneten* Meeresboden ...

Geophysikalischen Untersuchungen zufolge lag nicht weit von unserer Bohrstelle ein unterseeischer Vulkan, doch von ihm konnten keine erbsengroßen Kiespartikel stammen – es sei denn, er lag einstmals unter freiem Himmel, und es gab Wasserläufe, die seine Flanken auswuschen. Von Kies aus verhärtetem Globigerinenschlamm aber hatte man so gut wie noch nie gehört. Dieser Schlamm besteht aus den Gehäusen bzw. Skeletten winziger Meerestiere (Foraminiferen). Sie bleiben am Meeresboden gewöhnlich weich, wenn sie nicht zu tief unter Ablagerungen anderer Art begraben sind. An Luft und Sonne trocknen sie jedoch rasch aus und verhärten. Selbst dann aber bedarf es der Bodenerosion und der transportierenden Wirkung von Wasserläufen, um die kompakte Masse des beim Trocknungsprozeß steinhart gewordenen Schlammes in Sand und Kies zu verwandeln. Schließlich wiesen unsere Paläontologen an Bord darauf hin, daß die ungewöhnliche fossile Muschel-Fauna, auf die wir gestoßen waren, aus in Küstenlagunen lebenden Arten, und zwar aus typischen Zwergformen bestand. Unser Bohrloch lag jedoch 2000 m unter dem Meeresspiegel, und bei einer solchen Tiefe konnte von einer »flachen Lagune« keine Rede sein – es sei denn, daß das Mittelmeer einst erheblich weniger Wasser führte. War es denn möglich, daß es einst nicht mit dem Atlantik in Verbindung stand, ja daß sein Boden ausgedörrte Wüste war?

Allmählich begann ich mit dem Gedanken zu spielen, daß die Straße von Gibraltar vor Zeiten eine Landbrücke gewesen sein muß – ein Riegel, der eines Tages die Wasser des Atlantischen Ozeans daran hinderte, weiter wie zuvor in das Mittelmeerbecken nachzuströmen. So begann dieses Binnenmeer zu schrumpfen. Unter der Kraft der für die Länder ringsum typischen heißen Sonne verdunsteten seine Fluten mehr und mehr. Und in dem Maße, wie durch die zunehmende Verdunstung auch der Salzgehalt stieg, starben immer mehr Meerestierarten aus, bis nur noch ein paar winzige Muschel- und Schneckenarten übrigblieben, denen selbst intensivste Salzkonzentrationen nichts ausmachten. So verwandelte sich das Binnenmeer in einen riesigen Salzsee – ganz ähnlich dem Toten Meer, nur hundertmal größer. Eines Tages war die Konzentration der Salzlake stark genug, so daß es zur Ausfällung von Gips kam. Doch die Verdunstung ging weiter. Schließlich lag der Mittelmeerboden trocken. Der Unterwasservulkan in der Nähe unseres Bohrlochs war zum Vulkanberg geworden. Ozeanische

Globigerinen-Schlammablagerungen und Gipsausblühungen an seinen Flanken verhärteten zu Stein. Wenn irgendwelche Wasserläufe ein solches Gelände durchzogen, konnten sie durchaus die Bildung einer Sand- und Kiesablagerung bewirken, wie wir sie angetroffen hatten. Dann aber muß der natürliche Damm bei Gibraltar gebrochen sein. Der Atlantik drang wieder in das Mittelmeerbecken ein. Wo vorübergehend eine trockene Salzwüste entstanden war, wogte zu guter Letzt wieder ein tiefes, blaues Meer.

Im Grunde war es natürlich absurd, sich anhand so dürftiger Anhaltspunkte, wie wir sie zur Verfügung hatten, eine so dramatische Geschichte zusammenzureimen. Sie widersprach im übrigen ganz und gar der geltenden Lehre, und Bill Ryan beispielsweise stand ihr ausgesprochen skeptisch gegenüber. Er hatte jahrelang mit einem Gerät zur kontinuierlichen seismischen Profilaufnahme (englisch: *continuous seismic profiler,* CSP) gearbeitet, einem Echolot besonderer Art. Dieses Spezial-Echolot registriert nicht nur – wie ein normales Echolot auch – vom Meeresboden zurückgeworfene Echos, sondern arbeitet darüber hinaus mit akustischen Signalen, die noch kilometertief in die Sedimente des Meeresbodens eindringen und erst von härteren Untergrundschichten reflektiert werden. Mit anderen Worten: Es zeichnet nicht nur das Meeresbodenprofil auf, sondern auch Strukturen im Meeresbodenuntergrund. Dieses »Super-Echolot« war Ende der fünfziger Jahre entwickelt worden, und 1961 stach Ryan mit seinem »geistigen Vater«, Brackett Hersey, auf dem amerikanischen Forschungsschiff *RS Chain* der *Woods Hole Oceanographic Institution* in See, um mit dem neuartigen Instrument Forschungen im Mittelmeer durchzuführen.

Dabei stellte sich schon bald heraus: 100 bis 200 Meter unter dem Meeresboden gab es eine Schicht, die ein Echo zurücksandte. Ryan und Hersey hatten nicht die geringste Ahnung, was für eine Ablagerung das war oder warum sie sich dort befand. Doch der Einfachheit halber gab man dem Phänomen erst einmal einen Namen. Und zwar bezeichnete man die rätselhafte Schicht als »M-Schicht« und ihre Oberfläche als »M-Reflektor«. In den darauffolgenden zehn Jahren setzten amerikanische und französische Forscher die CSP-Untersuchung des Mittelmeergrundes fort, und wo immer sie ihre Messungen vornahmen, stießen auch sie auf den offensichtlich allgegenwärtigen »M-Reflektor«. Mehr noch:

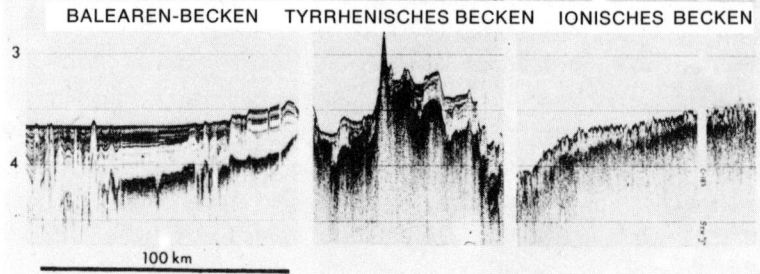

100 km

3 Kontinuierliche seismische Profile des »M-Reflektors« und des Meeresbodens im Balearen-Becken, im Tyrrhenischen Becken sowie im Ionischen Becken (Ergebnisse des Forschungsschiffes Robert Conrad). Vertikaler Maßstab in Sekunden (Hin- und Rücklauf der akustischen Wellen). Die vertikale Überzeichnung beträgt 5 zu 1.

Diese Fläche, die die Schallwellen des CSP-Meßgerätes zurückwarf, war durchaus nicht eben, sondern machte ziemlich genau alle Hebungen und Senkungen des darüberliegenden Meeresbodens mit (Abb. 3). Die Sedimente *unterhalb* des Reflektors bedeckten das Untergrundgestein des Mittelmeerbeckens ähnlich wie Firn eine Gipfelflur. Die *oberhalb* des »M-Reflektors« abgelagerten jüngeren und lockereren Sedimente bis zur Höhe des heutigen Meeresbodens gleichen dem weicheren Neuschnee über dem Firn. Offensichtlich hatte sich die »M-Schicht« erst gebildet, als das tiefe Mittelmeerbecken schon vorhanden war und nahezu die gleichen Tiefenverhältnisse herrschten wie heute. Ryan und andere Geophysiker waren daher überzeugt, daß die Sedimente, die die »M-Schicht« bildeten – woraus immer sie auch bestehen mochten – pelagischen, also »meerischen« Ursprungs sein mußten: feine Sinkstoffe aus dem Meer, die wie Schneeflocken auf den unebenen Tiefseegrund gefallen und dort liegengeblieben waren, bis sich schließlich der »Firn« der »M-Schicht« herausgebildet hatte.

Außerdem verrieten die mit CSP-Hilfe gewonnenen Profile: Unter dem Mittelmeerboden gab es mancherorts pfeilerähnliche Gebilde. Die einzelnen »Pfeiler« haben Ausmaße in der Größenordnung von Hunderten von Metern bis hin zu Kilometern (Abb. 4). Den Geophysikern waren derartige Gebilde nicht unbekannt. Sie nahmen sich wie jene »Salzdome« oder »Salzstöcke« aus, die man von der US-Küste des Golfes von Mexiko kennt. Solche kubik-kilometergroßen Salzmassen-Anreicherungen (auch »Salzhorste« genannt) bilden sich immer dann, wenn sich in tieferen Sedi-mentschichten lagerndes Salzgestein durch darüberliegende Forma-tionen nach oben hin Bahn bricht. Es durchspießt dabei die über-lagernden Gesteinsmassen regelrecht und schleppt sie am Rande hoch. Nun konnte man zwar erwarten, Salz in küstentypischen Sedimenten zu finden, denn es galt seit langem als ausgemacht, daß Evaporite insbesondere in küstennahen Salinen (Salzpfannen) oder Lagunen ausgeschieden wurden. Niemand jedoch hätte Evaporite ausgerechnet unter dem Boden des Mittelmeeres ver-mutet.

Manche Geologen – vor allem solche der »Französischen Schule« – vertraten daher die Ansicht, das Salz dieser Horste müsse jener mehr als 200 Millionen Jahre alten Formation angehören, deren Steinsalz man auf dem europäischen Kontinent abbaut. Wissen-schaftlern dieser Observanz galt das Salzvorkommen unter dem Mittelmeergrund daher als Beweis, daß der Meeresboden einst

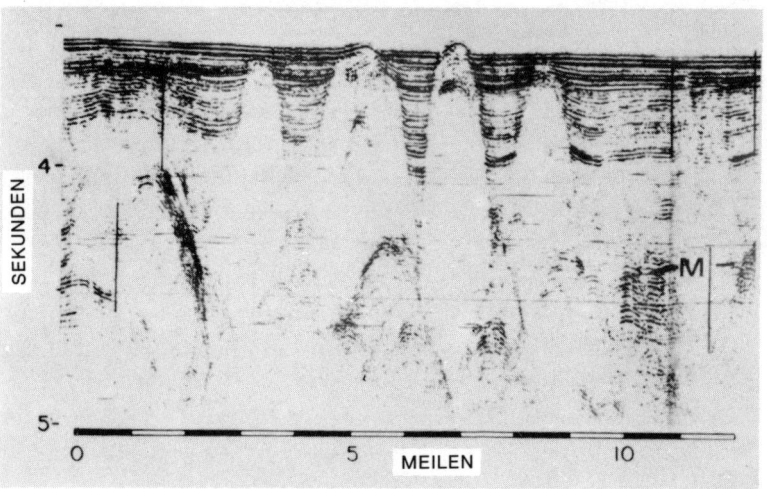

4 *Kontinuierliche seismische Profile eines zehn Meilen breiten Ab-schnittes der Tiefsee-Ebene des Balearen-Beckens im westlichen Mittel-meer. Einige der auf der Abbildung erkenntlichen Salzstöcke treten als kleine Hügel aus dem Meeresboden hervor, andere sind gänzlich unter Sedimenten begraben. Aufzeichnung des französischen Forschungsschif-fes Calypso, mit freundlicher Genehmigung von Olivier Leenhardt.*

Teil des Festlandes war und wie das sprichwörtliche »verschollene Atlantis« in der Tiefe versunken sein muß.

Was Ryan und mich angeht, so blieb die Entdeckung der gipshaltigen Kiese für uns nicht ohne Konsequenzen. Vielmehr löste sie bei uns die unterschiedlichsten Schlußfolgerungen aus. Wir hatten die fraglichen Kiese unmittelbar oberhalb der »M-Schicht« angetroffen und meinten daher, diese »M-Schicht« sei ihrerseits eine junge Formation aus Evaporiten und stamme aus der gleichen Phase wie das Salz der erwähnten Salzstöcke. Hierin stimmten wir noch überein, doch nun schieden sich die Geister. Unser unterschiedlicher wissenschaftlicher Werdegang führte uns auf gänzlich voneinander abweichende Pfade. Aufgrund der Ausbildung, die ich erhalten hatte, schrieb ich die Ausfällung von Salz und Gips einer ehemaligen Austrocknungsperiode des Mittelmeeres zu, wogegen Ryan nach seinen Erfahrungen mit dem seismischen Profil des »M-Reflektors« davon überzeugt war, die Evaporite seien unter Wasser in einem mit hochkonzentrierter Salzsole gefüllten Becken des Meeresbodens ausgeschieden worden.

An die Stelle unserer sonst eher ruhig dahinfließenden Gespräche traten nunmehr erregte Debatten. Zwar gelang es Ryan, mich zu überzeugen: Die Evaporite mußten in einem tiefen Becken auf dem Meeresgrund abgelagert worden sein. Andererseits aber sah ich es durchaus nicht als zwingend erwiesen an, daß dieses Becken mit Salze ausfällender Lake gefüllt war. Daraufhin führte Ryan einen Aufsatz eines Geochemikers der Staatlichen Universität von Pennsylvania, Bob Schmalz, ins Feld. Diesem Aufsatz zufolge hatte man in tiefen Senken des Roten Meeres »Soletaschen« gefunden, die Kalziumsulfat absonderten. Einem Theoretiker mußte das ganz logisch erscheinen. Sole bzw. Salzlake ist ja nun einmal dichter als das gewöhnliche Meerwasser und muß daher zwangsläufig in die Tiefe sinken. Ja Schmalz ging noch einen Schritt weiter und zerbrach sich den Kopf darüber, ob das Mittelmeer wohl ein tiefer »Salzbrühe-Pfuhl« würde, wenn man den Wasseraustausch mit dem Atlantik störte. Wie die Dinge heute liegen, strömt das hochgradig salzhaltige Wasser des Mittelmeeres am Boden der 400 Meter tiefen Straße von Gibraltar in den Atlantik, dafür fließt vom Atlantik her frisches Meerwasser zu. Wenn die Straße von Gibraltar einst flacher war als heute, so Ryan, dann war das Mittelmeer einst ein tiefer »Pfuhl« voll hochprozentiger »Salzbrühe«.

5 Die »Säule von Atlantis«. Der an Bohrstelle 124 geborgene erste Kern mit Evaporitablagerungen.

Ich verstand Ryans Gedankengang. Evaporite konnten auch auf einem Tiefseeboden abgelagert worden sein. Die Kiese aber deuteten darauf hin, daß die Mittelmeer-Evaporite einst an wüstenartigen Stränden oder in Salzseen entstanden waren, nicht aber in tiefem Wasser. Gewiß, die Beweise dafür nahmen sich etwas kümmerlich aus. Waren wir doch noch nicht einmal auf eine echte Evaporitschicht gestoßen, sondern lediglich auf etwas Erosionsschutt einer solchen. Mithin empfahl es sich, bis zur nächsten Bohrstelle zu warten.

Dort jedoch stießen wir auf keine Evaporite, sondern handelten uns jede Menge Ärger ein. Ein paar Tage später jedoch bescherte uns Bohrloch 124 einen vollen Erfolg. In der Frühe des 28. August bohrte die *Challenger* südöstlich der Balearen in nahezu 3000 Meter Tiefe (Abb. 2). Wieder einmal waren Ryan und ich bis in die frühen Morgenstunden wach geblieben. Dann endlich schien unser Kernbohrer auf die »M-Schicht« gestoßen zu sein. Jedenfalls schaffte er statt mehrerer Meter pro Minute nur noch einen Meter pro Stunde. Voller Ungeduld darüber, daß es so langsam weiterging, legten wir uns kurz vor Morgengrauen zum Schlafen nieder.

Doch uns sollte keine lange Ruhe vergönnt sein. Schon bald weckte uns John Fiske, einer der Techniker an Bord, mit der Meldung: »Wir haben die Säule von Atlantis gefunden!« Rasch zogen wir uns wieder an und stürzten zum Laborraum, um uns den Fund anzusehen. Auf dem langen Labortisch lag ein wunderschöner Kern, der tatsächlich wie eine Marmorsäule im Miniaturformat aussah (Abb. 5). Dies war der Beweis, der mir gefehlt hatte.

Sedimentologen befassen sich mit Sedimenten (Ablagerungen und daraus entstandenen Gesteinen). Sie beschreiben und analysieren Sedimente und Sedimentgesteine. Beispielsweise schneiden sie ein Plättchen aus einem Karbonatgestein und schleifen daraus ein hauchdünnes, durchsichtiges Scheibchen, das dann unter dem Mikroskop untersucht wird. Sie zerstampfen kleine Mengen von Schiefergestein, zerreiben es zu Pulver und setzen dieses Pulver einem Bombardement von Röntgenstrahlen aus, um zu bestimmen, aus welchen Mineralien es sich zusammensetzt. Sie bearbeiten Sandstein, bis er zerfällt, und lassen die so wieder freigewordenen Sandkörner, aus denen er bestand, eine Reihe von Sieben passieren, um so deren Größe und Form festzustellen. Sie lösen Evaporite (chemisch ausgefällte Gesteine) in ihre chemi-

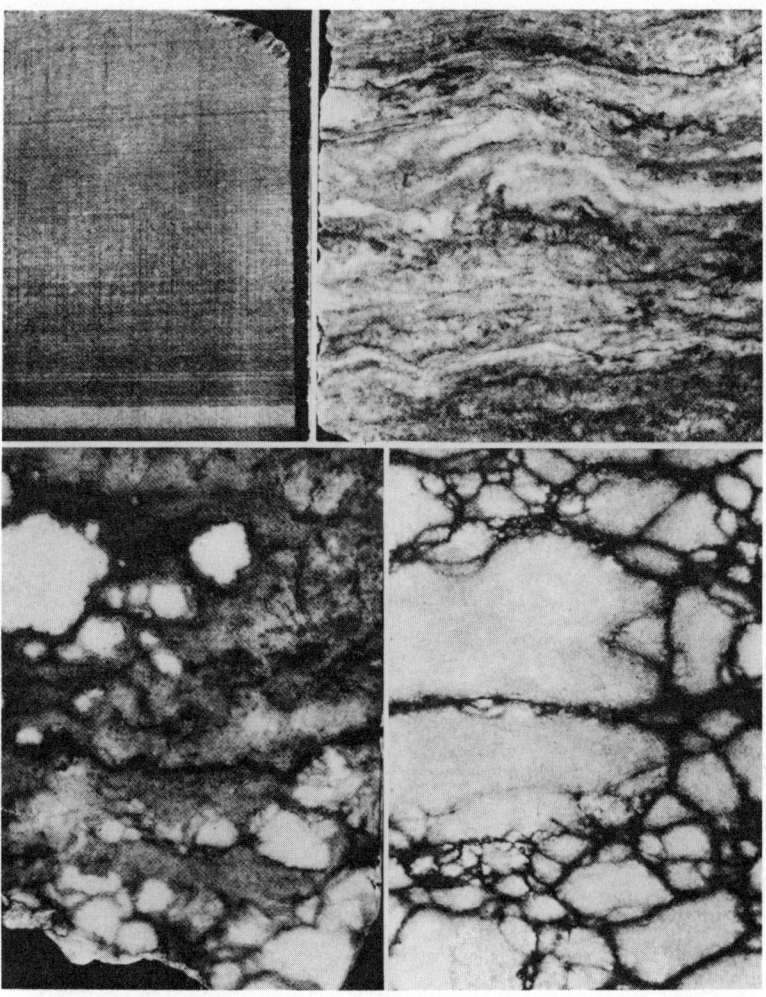

6 *Evaporitablagerungen aus dem Mittelmeer: (oben links) fein geschich-
teter Schlamm; (oben rechts) Stromatolith; (unten links) knollenartiger
Anhydrit und (unten rechts) »Hühnerdraht-Anhydrit«.*

schen Bestandteile auf und jagen diese durch ein Massenspektro-
meter, um die Isotopenverhältnisse der einzelnen Elemente herauszufinden. Kurz – ihr Ziel ist es, Wissen über Sedimente zu
sammeln, mehr über Sedimente in Erfahrung zu bringen. Entstand ein Sedimentgestein aus einer Ablagerung am Strand? Rührt
es von kalkigen Schlammschichten auf nur bei Flut überspültem

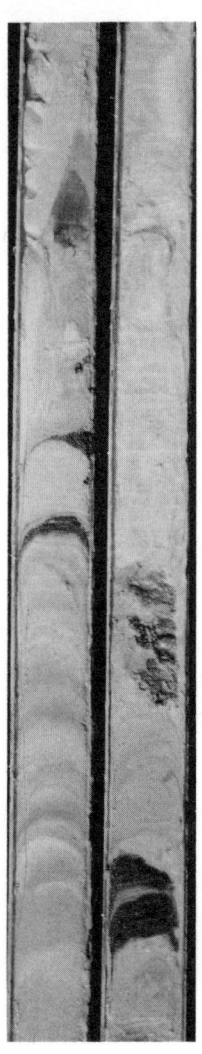

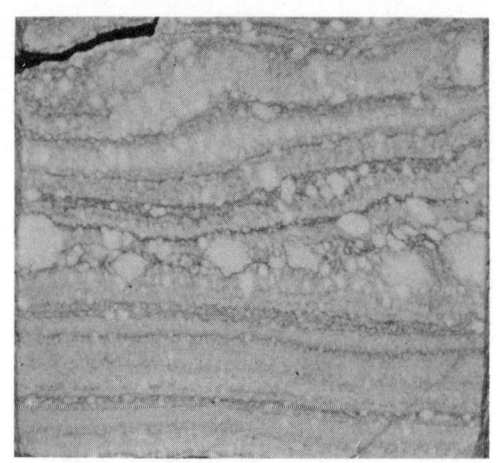

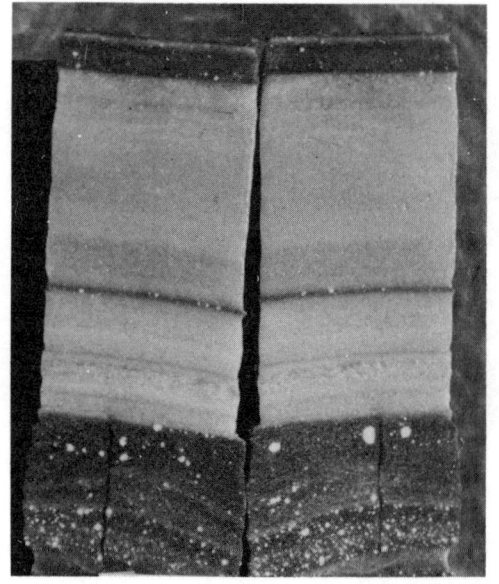

7 *Sedimentkerne aus dem Mittelmeer: (links) Meeressedimente aus den Überresten winziger Tiere (Foraminiferen) und noch winzigerer Pflanzen (Nannoplankton). Oben rechts erkennt man anhydritischen, stromatolithischen Dolomit, unten rechts Salzkerne von der Tiefsee-Ebene des Balearen-Beckens.*

8 Blaugrüne Algen bedecken wie ein Teppich den Gezeitenbereich an der Küste einer der Bahama-Inseln. Der Stromatolith, den Abbildung 6 zeigt, besteht aus versteinerten Algenmatten.

Gelände her? Oder hat man es mit ehemaligem ozeanischem Globigerinenschlamm zu tun?

Manchmal freilich braucht man gar keine komplizierten Verfahren, keine raffinierten Instrumente, sondern sieht einem Gestein seine Entstehung einfach an. Erst kurz nach dem Zweiten Weltkrieg wurden Verfahren der vergleichenden Sedimentologie entwickelt, und die finanzielle Unterstützung entsprechender Programme durch große Erdölfirmen trug erheblich dazu bei, daß der junge Wissenschaftszweig rasch florierte. Forscherteams erhielten den Auftrag, jüngere Sedimente unterschiedlicher Umwelttypen zu untersuchen: Flußablagerungen an Küstenebenen, Flußdelta-Ablagerungen an den Mündungen größerer Ströme, Meeresablagerungen auf Festlandssockeln, ozeanische Ablagerungen auf ebenen Tiefseeböden und dergleichen mehr. Man arbeitete Unterscheidungsmerkmale heraus und sprach von »sedimentären Strukturen« – Strukturen, die Aussagen über den Charakter der Sedimentvorkommen an unterschiedlichen Plätzen gestatteten. Entnimmt man heute einem Bohrloch oder einem Ölbohrschacht einen Bohrkern mit alter Sedimentstruktur, so liegen bereits Vergleichswerte vor. Es ist kaum anders, als wenn etwa ein Kunsthistoriker einen neuaufgetauchten angeblichen Rembrandt auf seine Echtheit hin untersucht, indem er Bildaufbau, Farbgebung, Schattenwurf und Pinselführung mit bekannten Rembrandt-Gemälden vergleicht. Bisweilen ist man bei derartigen Vergleichen ausschließlich auf seine Erfahrung angewiesen. Dann aber wieder läßt sich theoretisch einwandfrei begründen, warum ein Sediment ein ganz bestimmtes Aussehen haben muß.

Unsere »Säule von Atlantis« beispielsweise bestand aus Anhydrit und Stromatolith – Sedimenten, die nur auf ariden (wüstenartig trockenen, ausgedörrten) Küstenebenen nachgewiesen wurden. Schon vor der *Challenger*-Expedition hatten meine Mitarbeiter an der Eidgenössischen Technischen Hochschule in Zürich und ich, unterstützt durch ein Forschungsstipendium des *American Petroleum Institute,* die Sebcha-Sedimente der arabischen Golfküste untersucht. Das arabische Wort *sebcha* bezeichnet an sich »Salzmarschen«, aber auch flache, sandige Küstenpartien. In diesen Sebchas von Abu Dhabi hoben wir Dutzende von Gräben aus und fanden Anhydrit, ein Kalziumsulfat, lediglich dort, wo das Grundwasser nahe genug an die Bodenoberfläche herankam, so daß es auf Temperaturen über 30° Celsius aufgeheizt wurde. Wo aber der Wasserspiegel niedriger lag und das Grundwasser daher kühler blieb, wurde nicht mehr Anhydrit ausgefällt, sondern Gips – seinerseits ein Kalziumsulfat, das aber chemisch gebundenes Wasser enthält (die Formel lautet: $CaSO_4 \cdot 2H_2O$).

Dieser Beobachtung entsprachen chemische Laboruntersuchungen, denen zufolge die Transitionstemperatur (Übergangstemperatur) für Kalziumsulfat-Ausscheidungen aus gesättigtem salinem Grundwasser über 30° Celsius liegt (sofern es sich um Anhydrit handelt). Somit haben wir allen Grund zu der Annahme, daß man nirgendwo sonst auf Anhydrit stoßen wird als in heißen und ariden Sebchas, da Außentemperatur und Grundwasserchemie sonst kaum seine Ausscheidung ermöglichen. Daß Anhydrit niemals unter Tiefseebedingungen abgesondert wird, steht so gut wie fest. Sogar das Tote Meer ist noch zu tief dazu. Um Anhydrit abzusondern, wird es nie warm genug. Lediglich (wasserhaltige) Gipskristalle finden sich auf dem Grunde dieses Salzsees.

Der unter den Sebchas vorgefundene Anhydrit wird von der übersättigten Grundwasserlösung ausgefällt. Feinkörnige Anhydritpartikel ballen sich zu größeren Klümpchen (Aggregaten) zusammen, die unterirdisch immer weiter wachsen, bis knollen-

oder »nierenartige« Gebilde entstehen, die schon vorhandene Karbonatsedimente verdrängen (Abb. 6, *unten links*). Diese Knollen können mehrere Zentimeter Länge erreichen. Dennoch wachsen sie immer weiter, bis von den ursprünglichen Karbonaten fast nichts mehr erhalten ist. Schließlich verklumpen auch noch die Knollen miteinander, so daß eine nahezu geschlossene Anhydritschicht entsteht, in der nur dünne Karbonatstreifen erkennbar sind (Abb. 6, *unten rechts*). Diese dunklen Karbonatstreifen heben sich von dem hellen Anhydrit wie Maschendraht ab, den Bauern für Hühnerställe und Hühnerzäune verwenden, und deshalb gaben Geologen, die für Ölfirmen arbeiteten und bei der Untersuchung von Kernproben aus Ölbohrlöchern erstmals auf derartigen Anhydrit stießen, diesem Gesteinstyp den Scherznamen »Hühnerdraht-Anhydrit«. Warum es zu dieser Anhydritsonderform kommt, wissen wir nicht. Uns bleibt nichts anderes übrig, als uns auf Beobachtungen zu verlassen, die Sedimentologen im Lauf der letzten paar Jahrzehnte machten, und diesen Beobachtungen zufolge ist diese Varietät des Anhydrits typisch für rezente wie ältere Sebcha-Sedimente. Wir dürfen demnach getrost »Hühnerdraht-Anhydrit« als typisches Sebcha-Merkmal ansehen.

Eine weitere charakteristische Sedimentstruktur ist Stromatolith (Abb. 6, *oben rechts,* und 7, *oben rechts*). Man zerbrach sich einst den Kopf darüber, ob es sich um Fossilienrückstände oder eine anorganische Struktur handle, die durch chemische Ausfällung entstanden sei. Dies änderte sich erst in den dreißiger Jahren, als ein britischer Sedimentologe namens Maurice Black durch ein bei Flut überspültes Uferstück in der Gezeitenzone auf den Bahamas watete und dort eine Unmasse blaugrüner Algen fand, die auf dem flachen Küstenstreifen eine regelrechte Matte bildeten (Abb. 8). Nach einem schweren Sturm bedeckte eine dünne Schicht von Meeresablagerungen (Schlamm) die Algen, doch auf ihr kam es zu neuem Algenwachstum, und schon bald war eine neue »Matte« entstanden. Dieses Hinundher führte schließlich zur Bildung des aus dünnen, übereinanderliegenden Schichten bestehenden Sediments Stromatolith, dessen Name an sich schon vielsagend ist – bedeutet das griechische Wort *stromatolithos* doch nichts anderes als »Mattenstein«, »Teppichstein«. Da aber Algen nicht ohne Photosynthese leben können, betrachtet man auch Stromatolith als Beweis für eine Gesteinsbildung in sehr flachen, in der Regel weniger als zehn Meter tiefen Gewässern.

9 Stromatolith und »Hühnerdraht-Anhydrit« in einem Vertikalschnitt durch die Sedimente der ariden Küstenebene von Abu Dhabi.

Tatsächlich bestätigten wiederholte Beobachtungen: Algenmatten sind ein typischer Charakterzug von Gezeitenzonen also zeitweilig überfluteten Küstenpartien. Beispielsweise fanden wir in den bei Ebbe trockenen, bei Flut aber überschwemmten Küstenbereichen von Abu Dhabi üppige Algenmatten heutigen Datums. Entsprechende Algenmatten, die schon mehrere Jahrtausende alt waren, kamen unter dem vom Winde angewehten Sand der Sebchas zum Vorschein. Grundwasser-Ausdünstung führte zur Ablagerung von Gips und Anhydrit in diesen fossilen Sedimenten des Zwischenflutbereichs (Abb. 9).

Als ich schließlich an jenem denkwürdigen Augustmorgen gerufen wurde, um die »Säule von Atlantis« zu bestaunen, erblickte ich haargenau das gleiche. Auch hier hatte ich es mit teilweise von Knollen-Anhydrit verdrängtem Stromatolith zu tun. Was hätte schlagender beweisen können, daß diese Sedimente in einer Überflutungszone auf dem Boden eines nahezu ausgetrockneten Mittelmeeres entstanden waren?

Die »Säule von Atlantis« stammte aus einer Gesteinsschicht zwischen ozeanischen Schlammablagerungen, die reichlich fossile Skelette von Foraminiferen und Nannoplankton enthielten. Maria Cita, unsere Paläontologin an Bord und ansonsten Professorin an der Universität Mailand, hatte sich auf Foraminiferen-Plankton spezialisiert – auf winzige Lebewesen, deren Größe zwischen ein paar Zehntel- und ein paar Hundertstel Millimetern schwankt (Abb. 10, *unten links* und *unten rechts*). Maria Cita zufolge trieben diese Wesen einst in den oberflächennahen Fluten der Meere. Starben sie, fielen ihre aus Kalziumkarbonat bestehenden Gehäuse auf den Meeresboden, wo sie von neuem Material bedeckt wurden und als Mikrofossilien erhalten blieben. Noch winziger war das Nannoplankton. Hierbei handelte es sich um einzellige Pflanzen, die im Meerwasser schwebten und sich mit Skeletten aus kohlensaurem Kalk umgaben – Skeletten, die die unglaublichsten Formen annehmen konnten. Bei der Art *Discoaster* (»Scheibenstern«) beispielsweise nehmen sich diese Skelette wie unter einem Mikroskop betrachtete Schneeflocken aus, allerdings messen sie nur noch Tausendstel von Millimetern (Abb. 10, *oben rechts*). Der Tiefseeboden ist ein wahrer Friedhof von Milliarden und Abermilliarden dieser winzigen toten Pflanzen. Möglicherweise machen die so unvorstellbar kleinen Nannoplankton-Skelette sogar mehr als 90% des ozeanischen Schlammes aus (Abb. 11). Ist dieser Schlamm, wie im heutigen Mittelmeer, mit feinen Partikeln toniger Erde untermischt, so sprechen Geologen von »Mergelschlamm« oder einfach von »Mergel«.

Anfang des 19. Jahrhunderts entdeckte der britische Landvermesser William Smith, daß es möglich ist, geologische Schichten anhand ihrer fossilen Muscheleinschlüsse zu bestimmen. Ein paar Jahre später fand sein Landsmann Charles Lyell heraus, daß Sedimente miozänen und pliozänen Ursprungs in Italien sehr unterschiedlich hohe Anteile noch heute vorhandener Arten enthalten. Mikropaläontologen gehen nach demselben Prinzip vor, um das Alter ozeanischer Ablagerungen zu bestimmen, denn auch die winzigen Einzeller kamen und gingen im Laufe der Zeit. Eine Art nach der anderen starb aus, nur um anderen Arten Platz zu machen, und die Evolution des Lebens im Ozean prägte der Abfolge unterschiedlicher Mikro- und Nannofossiliengemeinschaften ihren Stempel auf – Gemeinschaften unterschiedlichen Charakters und jeweils typisch für Sedimente unterschiedlichen Alters. Historiker sprechen von Dynastien und meinen damit unterschiedliche Zeiträume der Geschichte bestimmter Länder, Phasen der Herrschaft bestimmter Königshäuser über ein Land. Ganz ähnlich wenden Geologen den Begriff der »Fossilzonen« an, um erdgeschichtliche Zeiträume zu kennzeichnen. Beispielsweise läßt sich nach Maria Cita der Beginn des Pliozäns in den Mittelmeerländern als *Sphaeroidinellopsis acme*-Zone definieren: als die Zeit, in der die Foraminiferengattung *Sphaeroidinellopsis* den Höhepunkt (griechisch: *akme*) ihrer Entwicklung und Verbreitung erreichte.

Der Paläontologie verdanken wir für die einzelnen Sedimentschichten nur relative Zeitansätze. Charles Lyell bediente sich der Termini »Miozän« und »Pliozän« – »weniger jung« und »jünger«. Aber wie jung oder alt diese Stufen wirklich waren, konnte er nicht sagen. Erst neuerdings haben Physiker präzise Datierungsmethoden erarbeitet, die auf der Messung der Zerfallsprodukte radioaktiver Elemente bzw. Isotope und dem Vergleich der Menge dieser Zerfallsprodukte mit der des noch nicht zerfallenen Ausgangsmaterials beruhen. Die Ergebnisse bewegen sich in der Größenordnung von Jahrmillionen. Man benötigt lediglich ein Mineral, das radioaktive Elemente (oder Isotope) wie Uran, Thorium, Kalium 40, Rubidium oder dergleichen enthält. In den meisten fossilienhaltigen Sedimenten sind derartige Elemente nicht in ausreichender Menge enthalten.

10 *Einige Foraminiferen- und Nannoplankton-Arten aus dem Mittelmeer: (oben links) Gephrocapsa sp. (ein Nannofossil), 16 000fache Vergrößerung; (oben rechts) Discoaster sp. (ein Nannofossil), 4000fache Vergrößerung; (unten links) Uvigerina mediterranea Hofker (eine Foraminifere), 75fach vergrößert; sowie (unten rechts) Elphidium strigillatum Fichtel/Moll (eine Foraminifere), 85fach vergrößert.*

Manche Sedimentgesteine sind jedoch zwischen Schichten vulkanischer Asche oder Lavaflüssen eingebettet, und diese liefern, was man braucht. Das vulkanische Gestein läßt sich mit den erwähnten Methoden datieren. Sein Alter ist über Millionen Jahre hinweg feststellbar, so daß damit auch die Möglichkeit besteht, die Uhr der Fossilienzonen richtig zu stellen. Bahnbrechende Pionierleistungen als Schöpfer eines absoluten geologischen Datengerüstes leistete der verstorbene schottische Geologe Arthur Holmes. Doch im Laufe des letzten Jahrzehntes wurden noch erheblich präzisere und zuverlässigere Zeittafeln ausgearbeitet. Was uns betraf, so stützten wir uns bei unserem Tiefseebohrprojekt auf die

Tabelle eines unserer Kollegen aus Woods Hole, Bill Berggren. Ihr zufolge endete das Miozän vor fünf Millionen Jahren, während das Pliozän vor zwei Millionen Jahren zu Ende ging.

Die »Säule von Atlantis« selbst erbrachte keinerlei Fossilien, doch der ozeanische Schlamm, der sich unter ihr befand, enthielt Überreste von Foraminiferen-Plankton, und zwar von Arten, die ausschließlich in einer als *Messinien* bekannten geologischen Phase lebten. Der Name Messinien bezieht sich auf eine Felsformation in der Nähe der Stadt Messina auf Sizilien. Vor etwa einem Jahrhundert untersuchte Professor Mayer-Eymar, einer meiner namhaften Vorgänger in Zürich, Fossilien aus einem Mergel zwischen zwei Gipsschichten dieser Formation (die – dies ganz nebenbei – *Solfifera sicilienne* heißt) und gelangte zu der Folgerung, sie seien typisch für die Phase unmittelbar vor dem Ende des Miozäns. Also schlug er für diesen speziellen Zeitabschnitt die Bezeichnung Messinien-Stadium vor. Es war ein verhältnismäßig kurzer Zeitraum. Vielleicht dauerte er nicht einmal eine volle Million Jahre. Unserer letzten Schätzung nach dürfte er vor etwa sechs bis fünf Millionen Jahren anzusetzen sein.

Salz- und gipsführende Formationen wie *Solfifera* sind in Mittelmeerländern wie Spanien, Algerien, Tunesien, Griechenland, der Türkei, auf Zypern, in Israel und anderswo gang und gäbe. Auch auf sie wurde inzwischen vielfach die Bezeichnung Messinien verwendet, und man ordnete sie entsprechend zeitlich ein.

Maria Citas paläontologische Analysen versetzten uns mithin in die Lage, der damals vorherrschenden Auffassung zu widersprechen, wonach die Salzformationen des Mittelmeeres 200 Millionen Jahre alt waren. Die Evaporite waren vor fünf bis sechs Millionen Jahren abgeschieden worden, als die Tiefenverhältnisse des Mittelmeerbodens weitgehend dem heutigen Stand entsprachen. Und ich war bereits überzeugt: Das riesige, tiefe Becken muß damals ausgetrocknet gewesen sein. Ryan indessen war vorsichtiger.

So verlegten wir uns darauf, eine Reihe von Hypothesen aufzustellen und Voraussagen zu machen. Wenn zum Beispiel die Evaporite in örtlich begrenzten Salinen (Salzseen) und Lagunen abgeschieden worden waren, müßten sie von Fundstelle zu Fundstelle Unterschiede zeigen und keineswegs jene Gleichförmigkeit aufweisen, wie sie für Tiefseesedimente typisch ist. Stammten sie von den Rändern flacher Seen voll konzentrierter Salzlösung, müßten

11 *Mit Hilfe eines Rasterelektronenmikroskops aufgenommenes ozea-*
nisches Sediment in 4000facher Vergrößerung. Bei den ringförmigen
Fossilien handelt es sich um die Skelette von Nannoplankton.

wir auch Überreste fossiler Pflanzen finden, deren Lebensvoraus-
setzung Photosynthese war. Lagen die von mir vermuteten Sole-
tümpel auf nur gelegentlich überflutetem Terrain mit ansonsten
kontinentalen Umweltbedingungen, müßte man zwischen den
Evaporiten auch nichtmeerische Fossilien, vielleicht sogar Süß-
wasserfossilien finden. Waren die Evaporite bei allmählich fort-

schreitender Austrocknung des Mittelmeeres ausgefällt worden, mußten im tiefsten Teil des Mittelmeeres, der zu allerletzt austrocknete, die am schwersten löslichen Salze wie Kaliumchlorid (Pottasche) und Magnesiumsulfat (Magnesia) ausgefällt worden sein. Besaß das Mittelmeer bereits annähernd seine heutige Tiefe, bevor es austrocknete, mußten sich unter den Evaporiten tiefe ozeanische Sedimente nachweisen lassen. Lag der Tiefseeboden des Mittelmeeres dann aber trocken, mußte die unterste Erosionsebene der Mittelmeer-Zubringerflüsse mehrere tausend Meter unter dem heutigen Meeresspiegel liegen. Die Flüsse des Mittelmeerraumes mußten von den heutigen Küsten bis hinab zu den heutigen Tiefseegründen tiefe Schluchten ausgewaschen haben. Wenn das Mittelmeer einmal trocken war, muß es für Landtiere nichts einfacheres gegeben haben, als von Afrika nach Europa zu wandern und umgekehrt. Anschließend müssen in das Mittelmeerbecken eingedrungene Tiere auf den Mittelmeerinseln isoliert worden sein, als das Wasser des Atlantik das Mittelmeerbecken wieder auffüllte. War das Mittelmeer einst eine an die 3000 bis 5000 Meter unter dem Meeresspiegel gelegene heiße Wüste, so muß dies schließlich auch tiefgreifende Konsequenzen für die Vegetation, ja das gesamte Klima der angrenzenden Länder gehabt haben. Und dergleichen mehr.

Diese Fragen ließen uns während der restlichen Zeit unserer Expedition nicht mehr los. Doch was wir noch an Zweifeln hegten, wurde zerstreut, sobald wir nach Lissabon zurückgekehrt waren. Unsere Bohrkerne aus dem Mittelmeer beantworteten all unsere Fragen mit jeder nur wünschenswerten Deutlichkeit. Es war eine historische Reise, und dieses Buch versucht, noch einmal unseren eigenen Schritten nachzugehen: der Planung, der Durchführung und der allmählichen Erkenntnis, ohne die diese Zeilen nie geschrieben worden wären. Es versucht auch, unser Leben an Bord der *Glomar Challenger* nachzuzeichnen, auf der wir ja tagtäglich einander Auge in Auge gegenüberstanden. Und doch konnten wir schließlich, als unsere Frustrationen und Depressionen schon nicht mehr überbietbar schienen, in den Ruf ausbrechen: »*Heureka*« – »*Ich hab's!*«

1

Eine Idee keimt auf

Seit Isaac Newton die mittlere Dichte der Erde bestimmte, weiß man: Das Erdinnere besteht aus sehr dichter Materie, deren Dichte mit der Tiefe zunimmt. Doch als Geophysiker später die Fortpflanzung seismischer, d.h. von Erderschütterungen, insbesondere Erdbeben herrührender Wellen untersuchten, gelangten sie zu der Folgerung: Die Dichte nimmt nicht in jeder Tiefenzone gleichmäßig zu, sondern es gibt Ungleichmäßigkeiten – Diskontinuitäten. Eine dieser Diskontinuitäten, die der jugoslawische Geophysiker Andres Mohorovičić entdeckte, liegt etwa fünf Kilometer unter dem Boden der Ozeane, bzw. 30 bis 50 Kilometer unter den Kontinenten. In diesem Tiefenbereich ändert sich die Dichte sprunghaft von 2,8 auf 3,3–3,4 g/cm³. Zu Ehren ihres Entdeckers nennt man diese Diskontinuität »Mohorovičić-Diskontinuität«, besser noch ist sie unter der abgekürzten Namensform *Moho* bekannt. Was *über* dieser Unstetigkeitsfläche liegt, bezeichnet man als »Erdkruste«, *unter* ihr liegt der »Erdmantel« – eine 2900 km dicke Schale, die den »Erdkern« umgibt.

Während der fünfziger Jahre kam in den USA eine Gruppe namhafter Geowissenschaftler auf die Idee, in großen Meerestiefen Bohrungen durchzuführen, um möglichst die Moho, wenn nicht gar den unter ihr liegenden Erdmantel, anzubohren. Man wollte sich Gewißheit darüber verschaffen, wie die Moho und die Gesteine des Erdmantels beschaffen sind. Diesem Bohrvorhaben gab man den Namen »Mohole-Projekt« (*Project Mohole*, aus *Moho* und englisch *hole* = »Loch«). Nicht alle Kollegen waren von dieser Idee begeistert. Dennoch kamen mit dem Segen des Kongreßabgeordneten Albert Thomas, der damals dem Bewilligungsausschuß des US-Repräsentantenhauses vorstand, für dieses ehrgeizige Unternehmen einige Millionen Dollar zusammen. Man trieb ein paar Bohrlöcher in den Ozeanboden. Einige davon ein paar hundert Meter tief. Doch keines erreichte das Ziel, das man sich gesteckt hatte. Schließlich brachten akademische und politische Opposition das Mohole-Projekt zu Fall, dies kurz, nachdem Albert Thomas nicht mehr im Amt war. Immerhin hatte der gescheiterte Versuch zur Entwicklung eines außerordentlich wichtigen »dynamischen Positionierungssystems« geführt, das es einem nicht vor Anker liegenden Schiff ermöglicht, dennoch seine Position zu halten, während sich tief unter ihm ein Bohrmeißel durch den Tiefseeboden frißt (Abb. 12).

An sich war das »Mohole-Projekt« keine schlechte Sache. Vielleicht hätte es sogar Erfolg gehabt, wenn das Ziel spektakulär genug gewesen wäre, um in den Augen der Öffentlichkeit einen rücksichtslosen Aufwand von Geldmitteln und Arbeitskräften zu rechtfertigen. Als später die Ozeanographen abermals zusammenkamen, um erneut über Bohrungen im Ozean zu beraten, hatte man sich wesentlich bescheidenere Dinge vorgenommen. Ergebnis der Beratungen war das Tiefseebohrvorhaben (*Deep Sea Drilling Project,* nachstehend immer als DSDP bezeichnet). Der ursprüngliche Plan sah das Zusammenwirken von Geowissenschaftlern aus vier der bedeutendsten ozeanographischen Institute der USA vor: dem Geologischen Observatorium Lamont-Doherty der Columbia-Universität, dem Rosenstiel-Institut für Meeres- und Atmosphärenforschung der Universität Miami, dem Scripps-Institut der Universität von Kalifornien sowie dem ozeanographischen Institut von Woods Hole. Diese vier Institute bildeten den Kern von JOIDES (*Joint Oceanographic Institutions Deep Earth Sampling,* »Vereinigte Ozeanographische Institute zur Erforschung von Tiefbodenproben«). Später stieß dann noch die Universität Washington als fünftes Mitglied hinzu. Schließlich wurde das Programm gebilligt, und die National Science Foundation bewil-

12 Gegenüberliegende Seite: Das dynamische Positionierungssystem der Glomar Challenger. Die zulässige Maximalabdrift beträgt etwa 3 Prozent der Bohrtiefe, also bei 5000 Meter Bohrtiefe 150 Meter. Funktioniert das System normal, kann es das Schiff mit Leichtigkeit innerhalb eines Radius von 50 Metern in Position halten. Mit freundlicher Genehmigung des DSDP.

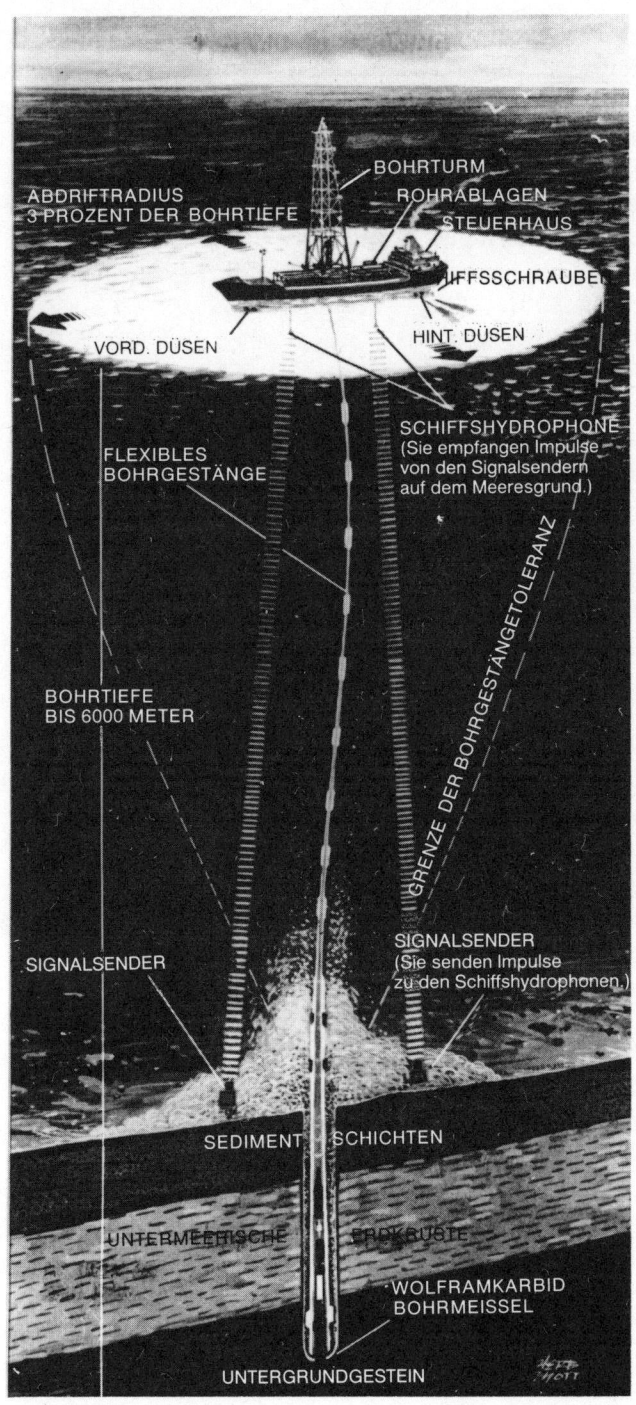

ABDRIFTRADIUS
3 PROZENT DER BOHRTIEFE

BOHRTURM
ROHRABLAGEN
STEUERHAUS
SCHIFFSSCHRAUBE

VORD. DÜSEN

HINT. DÜSEN

FLEXIBLES
BOHRGESTÄNGE

SCHIFFSHYDROPHONE
(Sie empfangen Impulse
von den Signalsendern
auf dem Meeresgrund.)

GRENZE DER BOHRGESTÄNGETOLERANZ

BOHRTIEFE
BIS 6000 METER

SIGNALSENDER

SIGNALSENDER
(Sie senden Impulse
zu den Schiffshydrophonen.)

SEDIMENT SCHICHTEN

UNTERMEERISCHE ERDKRUSTE

WOLFRAMKARBID
BOHRMEISSEL

UNTERGRUNDGESTEIN

35

ligte Mittel für das Tiefseebohrprojekt des Scripps-Institutes, das im Auftrage von JOIDES die Durchführung übernahm. Am 20. Juli 1968 ging man in Orange, Texas, auf die Reise. Die erste Kampagne begann.

Fast zur gleichen Zeit war ich von Zürich nach Prag unterwegs. Dort sollte im August 1968 einer der alle vier Jahre tagenden Geologenkongresse stattfinden. So wurde ich zu einem der letzten Augenzeugen des »Prager Frühlings« und erlebte auch den Einmarsch der Russen. Was wir damals sahen und hörten, erschütterte uns alle zutiefst. Im September danach suchten einige tschechische Kollegen vorübergehend in Zürich Zuflucht. Da es aber in der Schweiz kaum Möglichkeiten für sie gab, ihre wissenschaftliche Arbeit fortzusetzen, schrieben meine Schweizer Fachgenossen und ich an unsere Kollegen in Übersee. Ich wandte mich an Jerry Winterer vom kalifornischen Scripps-Institut und fragte ihn, ob das jüngst begonnene Tiefseebohrvorhaben jemandem eine Chance böte, mitzutun. Unverzüglich kam eine Zusage. Leider aber waren unsere tschechischen Emigranten inzwischen bereits alle auf andere Angebote eingegangen. Ich konnte mich sehr gut in ihre Lage versetzen und schrieb an Winterer einen langen Entschuldigungsbrief, bedankte mich für die Mühe, die er auf sich genommen hatte, und bat um Verständnis für meine tschechischen Freunde, die sein großzügiges Angebot nun nicht mehr annehmen konnten. Ganz zum Schluß fügte ich mehr der Höflichkeit halber hinzu: »Selbstverständlich – sollte ich Sie in eine Klemme gebracht haben und sollten Sie kurzfristig jemanden benötigen, so zögern Sie nicht, meine Dienste in Anspruch zu nehmen.« Dies war im Oktober 1968. Anfang November erhielt ich vom Scripps-Institut ganz unerwartet eine telegrafische Anfrage, ob ich am dritten Abschnitt *(Leg 3)* des Tiefseebohrprojektes teilnehmen könne und wolle. Es ginge in den Südatlantik. Die Expedition werde in wenigen Wochen aufbrechen. Ich war völlig überrascht.

Manchmal frage ich mich, ob Winterer mir damals mit dieser Einladung einen Denkzettel verpassen und mich lehren wollte, was Bescheidenheit ist. Anfang 1967 hatten wir nämlich eine erregte wissenschaftliche Auseinandersetzung gehabt – dies auf einer Abschiedsparty, die mir zu Ehren veranstaltet wurde, als ich die Vereinigten Staaten verließ, um eine Stellung an der Eidgenössischen

Technischen Hochschule in Zürich anzutreten. Damals begann gerade die »geowissenschaftliche Revolution«, die unsere Vorstellung von der Geschichte unseres Planeten von Grund auf verändern sollte. Diese Umwälzung war unmittelbare Folge der nach dem Zweiten Weltkrieg durchgeführten ozeanographischen Forschungen – Forschungen in den Ozeanen, die ungefähr drei Viertel der Erdoberfläche bedecken. Was dabei an neuen Erkenntnissen gewonnen wurde, ließ sich nicht mit althergebrachten Lehrsätzen erklären, die weitgehend auf an Land, d. h. auf dem Boden der Kontinente, gesammeltem Wissen beruhten.

Zu den Routineuntersuchungen, die man bei fast keiner ozeanographischen Forschungskampagne unterläßt, gehört die Intensitätsmessung des Tiefseeboden-Magnetfeldes mit einem vom Schiff aus bedienten Magnetometer. Ungewöhnlich starke Magnetisierung gilt als Normabweichung (Anomalie). Magnetische Anomalien an Land sind in der Regel ungleichmäßig verteilt und hängen unter anderem mit hohen lokalen Konzentrationen magnetischer Mineralien zusammen. Meist bedient man sich magnetischer Messungen daher, um das Vorkommen von Eisenerz nachzuweisen. Als man dagegen während der fünfziger Jahre auch den Magnetismus des Meeresbodens zu untersuchen begann, gab es gleich zwei Überraschungen: Magnetische Anomalien auf dem Meeresgrund sind nicht nur sehr viel intensiver als die, die man gewöhnlich an Land antrifft, sondern sie finden sich auch in linearer Anordnung und bilden sogenannte »magnetische Streifungen«.

Als Fred Vine – damals noch junger Doktorand der Universität Cambridge – sich 1962 an einem ozeanographischen Forschungsvorhaben beteiligte, bei dem es um Messungen im Indischen Ozean ging, hatte man bereits vielerorts derartige »magnetische Streifungen« nachgewiesen. Vine begnügte sich nicht etwa damit, durch bloßes Registrieren dessen, was er beobachtet hatte, dieses Muster schlicht und einfach zu bestätigen, sondern ihn beschäftigte die Frage nach dem »Warum«. Warum waren diese Anomalien so und nicht anders angeordnet? Mit der lokalen untermeerischen Topographie – der jeweiligen örtlichen Meeresbodenbeschaffenheit – schienen diese Streifen nichts zu tun zu haben. Eher schien es, als ob sie parallel zu jenen Gebilden verliefen, die man als mittelozeanische Rücken bezeichnet (Abb. 13). Vine konnte dies nicht nur bekräftigen, sondern er stellte darüber hinaus auch noch fest:

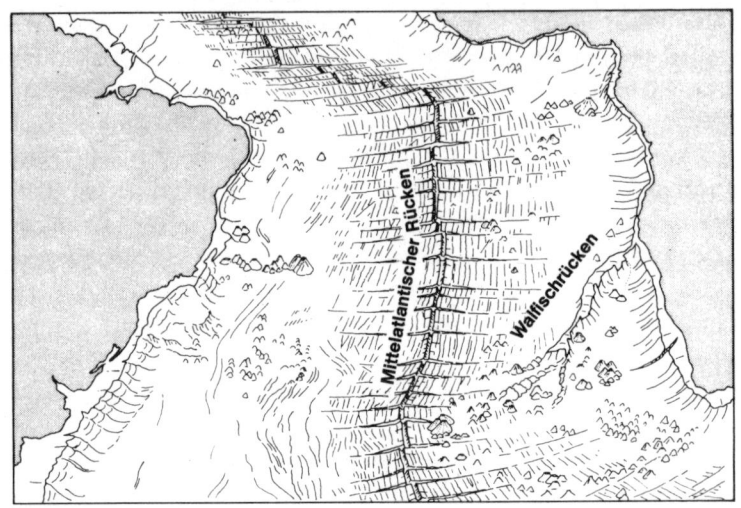

13 Schaubild des Mittelatlantischen Rückens. Dieser erreicht eine Höhe von 2500 Metern unter dem Meeresspiegel. Seine Flanken dagegen reichen bis 5000 Meter weiter in die Tiefe hinab. Nach Marie Tharpe und Bruce Heezen.

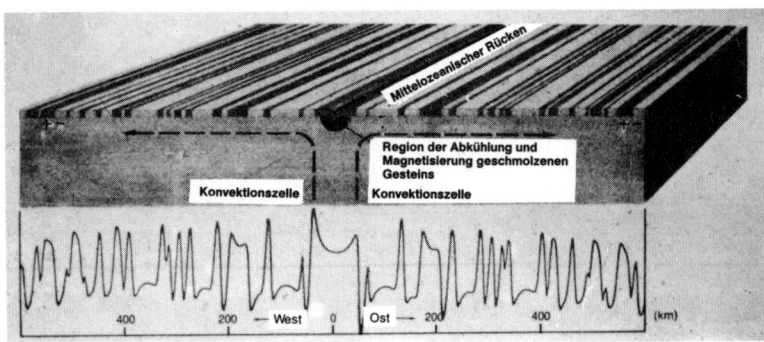

14 Diagramm der magnetischen Streifungen auf dem Meeresboden. Dunkle Streifen und hohe positive Anomalien (Aufwärts-Zacken der Kurve unter dem Diagramm) zeugen von der Magnetisierung in Zeiten annähernder Übereinstimmung von positivem Magnetpol und geographischem Nordpol. Mit freundlicher Genehmigung des DSDP.

Die fraglichen Anomalien verliefen symmetrisch beiderseits der Achse derartiger Rücken (Abb. 14).

Als Geophysiker war Vine mit zwei gängigen geowissenschaftlichen Hypothesen vertraut. Einer neueren – und noch umstrittenen – Vermutung zufolge fanden während der letzten paar hundert Millionen Jahre wiederholt »Polsprünge« (Umpolungen des Erdmagnetfeldes) statt. Die andere Theorie – sie ist schon alt und war in den USA nahezu verpönt – besagt, daß es zur Bildung der Ozeane gekommen sei, indem die Kontinente auseinanderdriften. Später einmal sollte Vine mir gegenüber äußern: »Ich versuchte nur, zwei allgemein bekannte Ideen miteinander zu kombinieren.« Als die Ozeane entstanden, rückten die Kontinente auseinander und machten Lavaströmen Platz, die aus den mittelozeanischen Rücken flossen. Die abkühlenden Laven wurden entsprechend der jeweiligen Ausrichtung des Erdmagnetfeldes magnetisiert. Nach einiger Zeit erfolgte eine Umkehrung der magnetischen Feldrichtung, und neue Laven aus den untermeerischen Rücken bildeten neue Meeresboden-Streifen mit entgegengesetzt gepoltem Magnetismus. Allem Anschein nach ließen sich also die magnetischen Streifungen durch das Auseinanderrücken der Kontinente und das Sichausbreiten des Meeresbodens *(englisch seafloor spreading)* während wiederholter Polsprünge erklären.

Vine und sein »Doktorvater«, Drummond Matthews, veröffentlichten diese Idee 1963, und 1966 legte Vine seine neue Hypothese auf der damals in San Franzisko stattfindenden Tagung der Geologischen Gesellschaft von Amerika dar. Bald schon sprach man beim Cocktail über sie.

Ich war Vines schwungvoll vorgebrachter These gegenüber skeptisch und machte aus meiner konservativen Einstellung auf jener bereits erwähnten Abschiedsparty, die für mich gegeben wurde, kein Hehl. Jerry Winterer dagegen prophezeite, die neue Lehre werde unser gesamtes Denken revolutionieren. Nach einer erregten Debatte schwor er, er werde alles daransetzen, daß ich noch einmal an meinen Worten schwer zu kauen haben würde. Und das tat er denn auch.

Setzt man die Breite der magnetischen Streifungen in Relation zur Dauer der einzelnen Magnetpol-Umkehrungen, so müßte es möglich sein, anhand der Hypothese von der Ausdehnung des Meeresbodens zu einer Altersbestimmung für eben diesen Meeresboden zu gelangen. Je weiter die ozeanische Kruste von der

Achse eines mittelozeanischen Rückens entfernt ist, desto älter muß sie sein, und das Altersverhältnis der einzelnen Streifungen zueinander muß das Tempo anzeigen, in dem sich die Ausdehnung des Meeresbodens vollzog bzw. vollzieht. Die *Leg-3* - DSDP-Expedition in den Südatlantik hatte den Zweck, diese Hypothese zu überprüfen. Wir nahmen Bohrungen vor, brachten Proben ein und bestimmten das Alter des zutagegeförderten Materials. Auf diese Weise versuchten wir herauszufinden, ob der Ozeanboden an einer ganz bestimmten Anzahl von Punkten tatsächlich genau so alt war, wie er es der Hypothese zufolge hätte sein sollen.

Bei meiner damaligen Arbeit an Bord der *Glomar Challenger* während der *Leg-3*-Bohrung erlebte ich die denkbar verblüffendste Bestätigung der *seafloor spreading*-Theorie. Wir bohrten zehn Löcher, und überall erwies sich der Meeresboden als fast haargenau so alt, wie er es dieser Theorie nach zu sein hatte (Abb. 15). Es fällt mir immer schwer, mich brillanten Ideen anderer zu beugen und eigene Irrtümer zuzugeben, doch angesichts unschlagbarer Beweise blieb mir in diesem Falle keine Wahl, als mich den »Revolutionären« anzuschließen.

Der Expeditionsleiter während der Südatlantikkampagne war Art Maxwell, damals Forschungsdirektor des ozeanographischen Institutes Woods Hole. Er war aktives Mitglied mehrerer JOIDES-Gremien gewesen, die im Hinblick auf das Bohrprogramm pla-

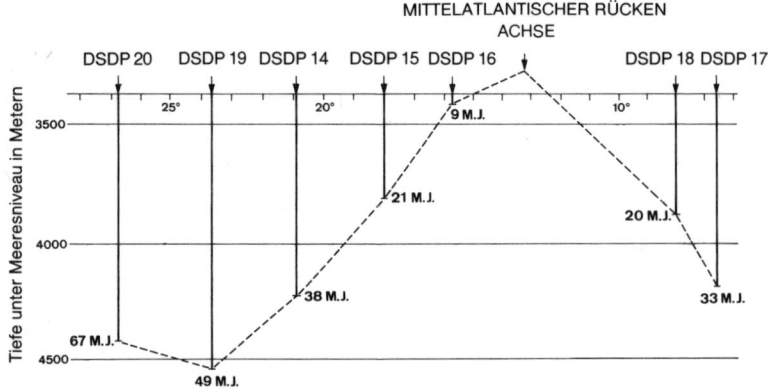

15 Bestätigung der Theorie von der Ausdehnung des Meeresbodens durch die Leg-3-Tiefseebohrkampagne im Südatlantik (1968).

nende und beratende Funktion hatten. Das DSDP arbeitete mit den von der National Science Foundation gewährten Subventionen, JOIDES dagegen hatte die Leitung. Der erste Zuschuß lief bis Februar 1970, und während der *Leg-3*-Forschungsreise kamen wir Wissenschaftler an Bord in unseren Gesprächen mit Maxwell Ende 1968 immer wieder auf die Frage, wie es denn danach weitergehen solle. Maxwell freute sich über den bisherigen Erfolg des Unternehmens und zweifelte nicht daran, daß es möglich sein werde, auch über die magische Zeitmarke 1970 hinaus und bis in die siebziger Jahre hinein das Programm fortzusetzen.

Ich – als Land-Geologe – hätte ganz besonderes Interesse daran gehabt, ein paar Bohrlöcher in den Mittelmeerboden zu teufen. Lange nämlich hatte man in Geologenkreisen die Ansicht vertreten, in gewissen labilen Zonen der Erdoberfläche, sogenannten »Senkungströgen« oder auch *Geosynklinalen* von der Größe kleinerer Meere, würden Sedimente abgelagert, die später durch Auffaltung und Heraushebung Gebirgsketten entstehen ließen. Beispielsweise glaubte man, die Sedimente, aus denen später der Himalaya und die Alpen aufgefaltet wurden, seien ursprünglich Ablagerungen in einem Geosynklinalmeer gewesen, dem man den Namen *Tethys* gab – dies nach einer Gestalt der altgriechischen Mythologie: Tethys, eine Titanin, war Tochter des *Uranos* (des »Himmels«) und der *Gaia* (der »Erde«) sowie zugleich Schwester und Gattin des *Okeanos,* der göttlichen Verkörperung des alles bewohnbare Land umfließenden »Weltstromes«, des Ozeans. Hergebrachter Lehre zufolge wäre das heutige Mittelmeer ein kleiner Rest dieser alten Tethys-Geosynklinale, deren Sedimentgesteine ansonsten unter ungeheurem Druck emporgefaltet wurden, so daß die gewaltigen Hochgebirge Zentralasiens und Europas entstanden. Die immer weiter fortschreitende Revolution der Geowissenschaften führte jedoch dazu, daß eine ganz neue Theorie – die Theorie der Plattentektonik – die bisherige Geosynklinal-Hypothese ablöste. Die neue Lehre war das Werk einer internationalen Gruppe junger Wissenschaftler, darunter Jason Morgan (Princeton), Dan McKenzie und Bob Parker (Cambridge) und Xavier Le Pichon (damals Lamont), die wiederum unter dem Einfluß ihrer Mentoren Harry Hess, Teddy Bullard und J. Tuzo Wilson standen. Der alten Auffassung zufolge waren Kontinente und Ozeane während der gesamten Erdgeschichte stabil und in Position geblieben. Nur an weniger festen Schwachstel-

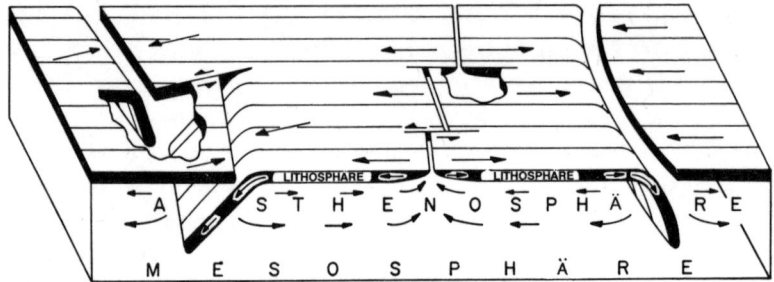

16 Schematische Darstellung der Theorie der Plattentektonik nach Brian Isacks, Jack Oliver und Lynn Sykes vom Lamont-Doherty-Observatorium für Geologie. Mit freundlicher Genehmigung der American Geophysical Union.

len sei die Erdoberfläche abgesunken, habe sich die Erdkruste gleichsam nach unten durchgebogen, und so sei es zur Bildung synklinaler Mulden oder Senkungströge gekommen, aus denen später wiederum die Gebirge aufgestiegen seien. Der neuen Auffassung zufolge besteht dagegen die Erdkruste aus einer Anzahl fester Schollen, die samt und sonders gegeneinander in Bewegung sind. An den Rändern von Kontinentalschollen, die sich voneinander entfernen, entsteht neuer Meeresboden, und Berge bilden sich dort, wo derartige Schollen oder Platten aufeinander zutreiben und miteinander kollidieren (Abb. 16). Demnach hat der Gebirgsbildungsprozeß nichts mit Geosynklinalen zu tun. Im Rahmen der Plattentektonik waren Tethys und Mittelmeer keine Geosynklinalmeere, sondern Grenzbereiche zwischen der europäischen und afrikanischen Scholle, zweier Schollen oder Platten also, die sich bisweilen voneinander entfernten, dann aber auch wieder aufeinander zu bewegten.

Da das Mittelmeer in beiden Theorien – der alten wie der neuen – eine wichtige Rolle spielte, schien es mir, daß ein paar Bohrlöcher im Boden dieses Binnenmeeres uns der Lösung unserer Probleme ein gutes Stück näher bringen würden. Allerdings liegt an den meisten Stellen auf dem Mittelmeerboden eine tiefe Decke von Sedimenten, und unsere Bohrtechnik war noch nicht hinreichend entwickelt, um ein Durchteufen dieser Schicht und ein Vordringen zum eigentlichen Untergrundgestein des Mittelmeerbeckens zu gewährleisten, wo die meisten Antworten liegen mußten, die wir suchten. Daher gab es zahlreiche Geophysiker in den JOIDES-Gremien, die gegen meinen Plan waren. Zum Glück lieh mir während der langen Monate auf See Art Maxwell sein Ohr. Er sollte einer der stärksten Befürworter meines Anliegens werden.

Im April 1969 reiste ich zum Scripps-Institut, um an einer Konferenz teilzunehmen, bei der es um unser Südatlantikunternehmen ging. Bei dieser Gelegenheit äußerte ich zu Jerry Winterer, meiner Ansicht nach sollten wir eine Mittelmeerexpedition in unsere Überlegungen einbeziehen, wenn eine Erweiterung des Tiefseebohrprojektes zur Debatte stehe. Er zeigte sich für meinen Vorschlag durchaus aufgeschlossen und riet mir, mit Bill Riedel, dem Scripps-Vertreter im JOIDES-Planungskomitee, Fühlung zu nehmen. So schrieb ich, nach Zürich zurückgekehrt, an Riedel und unterbreitete ihm einen entsprechenden Vorschlag.

Im Juni 1969 traf ich dann in Woods Hole Art Maxwell wieder. Zwei Tage arbeiteten wir zusammen an unserem gemeinsamen Bericht über die Südatlantikexpedition. In den wenigen Augenblicken jedoch, in denen sich dazu Gelegenheit bot, rührte ich nach Kräften die Werbetrommel für meine Bohrungskampagne im Mittelmeer – war doch Maxwell, wie ich erfahren hatte, inzwischen zum Vorsitzenden des JOIDES-Planungskomitees ernannt worden. Damals stand bereits fest: Das Programm des Tiefseebohrvorhabens würde erweitert werden, und ich gewann den Eindruck, eine Forschungsreise ins Mittelmeer sei durchaus wahrscheinlich. Tatsächlich war man im Begriff, ein Beratergremium zusammenzustellen, das Pläne für Bohrungen im Mittelmeerboden ausarbeiten sollte. So standen die Dinge . . .

2

Freunde für JOIDES

Im Oktober 1969 erhielt ich einen Brief: Art Maxwell schrieb mir im Auftrag des JOIDES-Exekutivkomitees, Brackett Hersey, Bill Ryan, Bob Hurley und ich seien zu Mitgliedern des Beraterstabes für die JOIDES-Mittelmeerexpedition ernannt worden. Fast gleichzeitig riefen einige Vertreter französischer Firmen bei mir in Zürich an und baten um einen Termin für eine Unterredung. Sie hatten Lamont Vorschläge zugesandt, wie die Durchführung unserer Bohrungen technisch zu bewerkstelligen sei, und man hatte sie an mich verwiesen.

Das Tiefseebohrvorhaben war ein amerikanisches Projekt. Die National Science Foundation steuerte zunächst für die ersten 18 Monate 12,6 Millionen Dollar bei, und die erste Verlängerung um drei Jahre schlug bei ihr mit 35 Millionen Dollar zu Buche. Man begrüßte die Mitarbeit einzelner europäischer Wissenschaftler, allerdings erging die offizielle Einladung an europäische Institute erst 1975 im Rahmen der »Internationalen Phase der Meeres-Bohrung« (*International Phase of Ocean Drilling*, IPOD). Immerhin hatten die während der ersten 18 Monate durchgeführten Bohrungen ja noch das Ziel verfolgt, den Grund des Atlantik und des Pazifik zu untersuchen – beides in ziemlicher Entfernung von Europa. Als es aber um die Planung einer Mittelmeerexpedition im Rahmen des DSDP ging, lagen die Dinge anders. Nun wäre es gegenüber den europäischen Kollegen geradezu unhöflich gewesen, gewissermaßen in ihrem Hinterhof zu bohren, ohne sie selbst mittun zu lassen. Aus diesem Grunde erklärte ich Maxwell, ich würde die geographische Lage meines Wohnortes nutzen, um in Europa Freunde für JOIDES zu gewinnen. Schließlich lag Zürich ja mitten auf dem europäischen Kontinent.

Anfang November fand – in Zürich – das erste Treffen der »JOIDES-Freunde« statt. Anwesend waren Vertreter ozeanographischer Institute aus mehreren Ländern. Hinzu kamen Vertreter der Industrie. Damals hatten wir nur sehr unklare Vorstellungen davon, was ein Bohrschiff zu leisten vermochte und wozu es nützlich sei. Die Industrie glaubte, es ginge um den Nachweis von Ölvorkommen. Daher verlangten ihre Vertreter Bohrungen in den Deckschichten oberhalb der Salzstöcke. Bald sah ich mich ziemlich starkem Druck seitens dieser Lobby ausgesetzt. Glücklicherweise erhielt ich im rechten Augenblick Unterstützung durch Xavier Le Pichon, einen noch jungen Wissenschaftler mit kometenhafter Karriere, der damals das Ozeanographische Institut in Brest leitete. Er befreite mich aus den Fängen seiner Landsleute und stellte unmißverständlich klar: Zweck des geplanten Tiefseebohrunternehmens sei es nicht, mit irgendwelchen Banalitäten Zeit zu verschwenden, sondern der Frage nach dem Ursprung ozeanischer Becken nachzugehen. Der seitens der Industrie unterbreitete Vorschlag, der davon ausging, daß die Salzstrukturen das Hauptziel der Forschung seien, entspreche den Zielen des Tiefseebohrprojektes nicht. Nach dieser unmißverständlichen Klarlegung unserer Ziele gingen wir wieder zur Tagesordnung über, und als das Treffen zu Ende war, hatten wir immerhin mehrere Bereiche abgesteckt, denen unser besonderes Interesse galt.

Jenseits des Atlantiks entfaltete ein anderes Mitglied des »Beraterstabes Mittelmeer«, Bill Ryan, außerordentliche Aktivität. Nach den vier Mittelmeerexpeditionen, die er schon hinter sich gebracht hatte, wußte Ryan mehr über den Mittelmeerraum als manch anderer Ozeanograph. Dabei war er noch nicht einmal dreißig Jahre alt und hatte gerade erst vor kurzem seine Dissertation beendet. Er schrieb mir und schlug ein Zusammentreffen im Lamont-Doherty-Observatorium vor, um unsere Bemühungen zu koordinieren.

Bisher hatten Ryan und ich miteinander nur Briefe ausgetauscht. Gesehen hatten wir uns noch nie. Ich beschloß, im Dezember zu reisen. Nach der Ankunft in New York rief ich meinen Freund Tsuni Saito an, mit dem ich auf der Südatlantikexpedition der *Challenger* zusammengearbeitet hatte. Er holte mich ab und nahm mich mit zu sich nach Hause, wo uns ein japanisches Essen erwartete. Unterwegs erzählte er mir, er habe auch Ryan eingeladen.

Mir war das nur recht, denn ich war schon neugierig, den jungen Mann kennenzulernen, mit dem ich schon bald so eng zusammenarbeiten sollte. Kaum waren Saito und ich da, tauchte auch Ryan auf. Unsere Überraschung beruhte ganz auf Gegenseitigkeit. Er hatte einen rauschebärtigen Professor aus Europa erwartet, ich dagegen einen smarten Karrieristen nach Art der zehn aussichtsreichsten Aufsteiger aus einer Nachwuchsliste der Handelskammer. Statt dessen hatte Ryan eine sanfte Stimme und wirkte außerordentlich besonnen. Zu unserer späteren Bestürzung vergaßen Ryan und ich völlig unsere liebenswürdigen Gastgeber, die mit Hingabe die erlesensten kulinarischen Delikatessen für uns zubereitet hatten. Wir sahen uns bald in eine Marathondebatte verwickelt – eine Marathondebatte von beinahe 24 Stunden, nur unterbrochen durch ein kurzes Nickerchen. Ich erzählte Ryan, was bei unserem Zürcher Treffen herausgekommen sei, er dagegen zog Profilskizzen und Diagramme hervor und erklärte mir mit allen technischen Details, wo gebohrt werden müsse.

In der Zwischenzeit begann ich so mancherlei über das Mittelmeer zu lernen. Allem Anschein nach besteht sein Becken aus zwei ganz verschiedenen Teilen. Typisch für den Ostteil ist ein untermeerisches (submarines) Gebirge, das sich mehr als 2000 Meter über die Meeresgrundebene erhebt (Abb. 1). Im Norden dieser in Ost-West-Richtung verlaufenden Bergkette öffnet sich der Hellenische Trog, auch Hellenischer Graben genannt. Hier erreicht das Mittelmeer seine größte Tiefe: 5000 Meter. Noch weiter im Norden befindet sich ein Bogen von Halbinseln (Peloponnes) und Inseln (Ionische Inseln, Kreta und Rhodos) – eine Erscheinung, den man als »Inselbogen« zu bezeichnen pflegt. Derartige »Inselbögen« sind Regionen hoher Erdbebentätigkeit. Hinter dem Inselbogen wiederum herrscht vulkanische Aktivität, und es ist ja bekannt, daß Ausbrüche des Vulkans der Kykladeninsel Thera (Santorin) in der südlichen Ägäis bisweilen verheerende Folgen für Kulturen des Altertums hatten. Befürworter der Plattentektonik-Hypothese haben für Phänomene wie Inselbögen und Tiefseeträge eine schlüssige Erklärung gefunden. Und zwar gilt ein solcher Bogen als Saum eines »aktiven Plattenrandes«, wo Platten, die sich aufeinander zu bewegen, miteinander zusammenstoßen. Beispielsweise betrachtet man die nördliche Steilwand des Hellenischen Troges oder Grabens als Grenze der europäischen Platte, am Fuß dieser Steilwand berühren sich die europäische und die afrikanische Platte (Abb. 17). Wenn sich Afrika nach Norden verlagert, findet – so die Theorie – hier *Subduktion* (wörtlich: »Unterführung«) statt: Der zur afrikanischen Scholle gehörende Trogboden wird unter den noch zu Europa zählenden Inselbogen geschoben bzw. taucht unter diesen Inselbogen ab. Dieses Abtauchen der afrikanischen Platte ruft Erdbeben hervor, und da die abtauchende Erdkruste zu schmelzen beginnt, ist auch Lava für vulkanische Aktivitäten (beispielsweise den Vulkanismus von Santorin) vorhanden. Den Plattentektonik-Theoretikern zufolge sind dies die Stellen, wo sich zur Zeit die Bildung neuer Gebirge abspielt. Die Informationen, die man mit Hilfe von Bohrungen im Mittelmeer sammeln wollte, sollten dazu beitragen, mehr Einblick in diese Prozesse zu gewinnen.

Vermutlich hat das östliche Mittelmeerbecken seine Formung starkem Druck zu verdanken. Allem Anschein nach ist es der Rest, der vom erheblich größeren Tethys-Meer übrigblieb, als Afrika auf Europa zurückte. Das westliche Mittelmeerbecken dagegen entstand offenbar im Zuge eines Ausdehnungsprozesses. Vor einem halben Jahrhundert hatte der bekannte Schweizer Geologe Emil Argand eine blendende Idee. Italien, so meinte er, habe sich von der spanischen Küste losgelöst und sich im Gegenuhrzeigersinn um mehr als 60 Grad gedreht, bis es auf den Balkan-Block gestoßen sei. Die Kollision habe dazu geführt, daß sich die Ketten der Apenninen emporfalteten, und das Mittelmeer-Westbecken

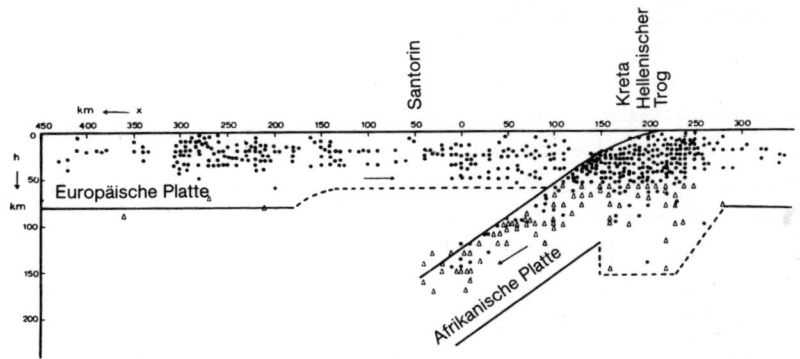

17 *Querschnitt durch den Bereich der Ägäis mit Angabe der durch das Abtauchen der lithosphärischen Platte bedingten Erdbeben. Mit freundlicher Genehmigung der American Geophysical Union.*

sei nichts anderes als das Loch, das der abdriftende »Stiefel« vor der spanischen Küste hinterließ. Auch für Korsika und Sardinien war Emile Argand um eine einfallsreiche Erklärung nicht verlegen. Beide Inseln hätten eben nur die Hälfte des Weges zurückgelegt, so daß sie heute eine Art Trennmauer zwischen dem balearischen und dem tyrrhenischen Westmittelmeer-Teilbecken bildeten (Abb. 1). Argand ging davon aus, daß diese Bewegung vor etwa 25 bis 30 Millionen Jahren begonnen habe. Er betrachtete also das westliche Mittelmeerbecken als erdgeschichtlich verhältnismäßig jung und wies seine Entstehung in der Hauptsache erst dem Miozän zu. Unsere Hoffnung war es, diese Theorie überprüfen zu können – mittels einiger Bohrlöcher, von denen wir uns Aufschlüsse über Alter und Struktur des Mittelmeer-Westbeckens versprachen.

Das zweite Zürcher Treffen der europäischen JOIDES-Freunde fand im Februar 1970 statt. Anwesend waren die Direktoren mehrerer ozeanographischer Institute Europas. Auch Ryan kam diesmal nach Zürich. Am Freitag, dem 20. Februar, legte er den versammelten Experten den ersten Entwurf seines Planes für die Bohrungen vor. Jung, wie er war, und mit der eher einschläfernd wirkenden, scheinbar von Lethargie zeugenden Monotonie seines Vortrages rief er so manches Stirnrunzeln hervor. Später erfuhren wir: Mehr als einer der Anwesenden machte sich Sorgen, weil man die Planung dieser wichtigen Expedition, von der so viel abhing, einem Doktoranden (Ryan) und einem Amateur (damit war ich gemeint) überlassen habe.

Insgesamt erwies sich das Treffen aber keineswegs als Fehlschlag. Beispielsweise öffneten die Franzosen all ihre Schubladen voll wohlgehüteter, bis dahin noch unveröffentlichter Daten und versprachen, uns auch bei den Vorarbeiten vor der eigentlichen Bohrung, insbesondere den Vermessungsarbeiten zu helfen. Wie es sich später herausstellte, waren sieben unserer insgesamt fünfzehn Bohrstellen aufgrund der ausgezeichneten Vorarbeiten ausgewählt worden, die die Gruppe Le Pichon aus Brest geleistet hatte. Außerdem hatten wir das Glück, daß der wissenschaftliche Leiter der französischen Vermessungskampagne, Guy Pautot, als Sedimentologe zu unserem *Glomar Challenger*-Team stieß. Seine Teilnahme an unserer Arbeit trug wesentlich zu deren Erfolg bei.

3

Lissabon, 13. August 1970

Das Frühjahr 1970 war hektisch. Ich war Vorsitzender des beratenden Ausschusses für Gastvorträge von Geophysikern an der Eidgenössischen Technischen Hochschule (ETH) und mußte für all die namhaften Gelehrten den Herbergsvater spielen, die nach Zürich kamen und hier erstklassige Vorlesungen hielten. Es galt Vorlesungen anzuberaumen, für freie Hörsäle zu sorgen, Reisetermine abzustimmen, Telefongespräche zu führen, einen ausgedehnten Briefwechsel zu unterhalten und dergleichen mehr. Zu allem Überfluß hatte ich mich bereit erklärt, für drei Zeitschriften Beiträge zu liefern, und kämpfte einen verzweifelten Kampf gegen Termine, die zu platzen drohten. Schließlich gab es auch noch das Forschungsprogramm unseres Instituts – es mußte in Gang gehalten werden, ganz zu schweigen von meiner eigenen Lehrtätigkeit (ein Oberseminar und eine Vorlesung) im laufenden Semester. Mitten in all dieses Durcheinander platzte Ende April ein Telegramm des Scripps-Instituts. Man bot mir die Mitbeteiligung an der wissenschaftlichen Leitung des *Leg-13*-Mittelmeerprogramms der *Glomar Challenger* an. Bill Ryan sei als weiterer wissenschaftlicher Leiter vorgesehen.

Nun – zunächst begab ich mich wieder an meine Alltagsverpflichtungen. Schließlich aber wurde es Zeit, die Reise zum Mittelmeer anzutreten. Am 10. August begleitete mich meine Familie zum Zürcher Flugplatz Kloten, und alle winkten mir zu, als ich die Maschine bestieg, die mich nach Lissabon bringen sollte. Dort wollte ich vereinbarungsgemäß an Bord der *Challenger* gehen. Auch zwei Paläontologen hatten denselben Flug gebucht: Wolf Maync aus Bern und Herbert Stradner aus Wien. Beide waren Teilnehmer der *Leg-13*-Expedition. Lissabon begrüßte uns mit strahlend blauem Himmel, und wir gehörten zu den ersten, die in dem Hotel »Florida« Einzug hielten.

Mit seinem Hafen erinnerte mich Lissabon an Neapel oder Genua. Eine durch das Erdbeben von 1755 ausgelöste Riesen-Flutwelle (ein sog. Tsunami) zerstörte die Stadt seinerzeit nahezu vollständig. Fast alle Bauwerke, die man heute sieht, stammen aus der Zeit nach diesem furchtbaren Unglück. Freilich – die Menschen haben ein bestürzend kurzes Gedächtnis, und meist haben sie auch keinerlei Ahnung, wie und wodurch es zu Naturkatastrophen kommt. Ursache des Erdbebens von Lissabon waren Bewegungen der Erdkruste am Rande einer gewaltigen Verwerfung: des Azoren-Gibraltar-Bruchs (wie es sich ergab, sollten wir gerade im Bereich dieses Grabenbruchs unser erstes Bohrloch setzen, um Licht in seine Entstehungsgeschichte zu bringen). Immer wieder gerät an aktiven Verwerfungen die Erdkruste in Bewegung, deshalb kann sich jederzeit wiederholen, was 1755 geschah. Dennoch baute man die Stadt auf genau derselben Flußebene wieder auf, die während der damaligen Katastrophe unter der hereinbrechenden Flutwelle begraben wurde. Sicherlich wäre es um die Wolkenkratzer beiderseits der Hauptstraße geschehen, wenn abermals im Gefolge eines Erdbebens ein Tsunami die Stadt heimsuchte. Doch die geschäftige Menschenmenge, durch die ich mir meinen Weg bahnte, verschwendete keinen Gedanken an das Unheil, das jeden Augenblick über sie hereinbrechen kann.

Als ich mich dem »Florida« näherte, erblickte ich vor dem Hotel eine ganze Gruppe von *Glomar-Challenger*-Leuten. Wolf Maync stand dort und sprach auf Maria Cita und deren Assistentin, Isabella Premoli-Silva, ein. Weiter erkannte ich Mitglieder der Schiffsbesatzung und Leute vom Tiefseebohrprojekt, einschließlich Ken Brunot, dem Projekt-Manager. Sie diskutierten über die Schwierigkeiten, die Paulin Dumitrica hatte, ein rumänischer Mikropaläontologe. Allem Anschein nach hatte Terry Edgar, der damalige wissenschaftliche Leiter des DSDP, aus La Jolla erfahren, daß unser rumänischer Kollege kein Ausreisevisum nach Portugal bekommen hatte.

Tags darauf trat jemand an meinen Frühstückstisch. Er war dunkel gekleidet und wirkte etwas melancholisch. Es war Vladimir Nesteroff, der Sedimentologe von der Sorbonne in Paris. Wir schüttelten einander die Hände und frühstückten zusammen, bevor die anderen kamen. Doch war Herbert Stradner noch früher aufge-

18 Die Glomar Challenger. Mit freundlicher Genehmigung des DSDP.

standen und wartete bereits am Hafen auf das Einlaufen der *Challenger*. Schon von weitem grüßte uns der 60 Meter über die Wasserlinie ragende Bohrturm des Schiffes (Abb. 18).

Die *Glomar Challenger* hat eine Wasserverdrängung von 11 000 Tonnen und wurde von der *Global Marine Company* eigens für das Tiefseebohrprojekt erbaut. Es war das einzige Schiff seiner Art – ein Schiff, das in einer Tiefe von 6000 Meter unter dem Meeresspiegel noch ein 1000 Meter tiefes Bohrloch in den Meeresgrund teufen konnte. Der Bohrturm verkraftet die Last von einer halben Million Kilogramm – soviel wiegen mehr als 7000 Meter Bohrgestänge. Er erhebt sich mittschiffs über einer Aussparung im Schiffsrumpf, scherzhaft-poetisch »Mond-Teich« genannt, durch die das Bohrgestänge zum Meeresboden hinabgelassen werden kann. Mehr als zehn Kilometer dieses innen hohlen Bohrgestänges lagern auf Stützrahmen vor dem Turm (Abb. 19), und die Bestückung des Turmes mit den einzelnen Bohrstrang-Teilstücken, d. h. den einzelnen Rohren, aus denen das Bohrgestänge besteht, erfolgt automatisch.

Arbeitsräume und Unterkünfte befinden sich im Achterschiff. Speziallabors für Mikropaläontologie, das »Paläo-Lab«, und Sedimentologie, das »Kernlabor« oder *core lab,* liegen übereinander in den Decks oberhalb des Maschinenraumes, das unterste Deck enthält einen Kühlraum. Weiter achtern, hinter der Brücke, liegen Speiseraum, die sog. Messe, und Büroräume, unmittelbar am Heck schließlich Schlaf- und Aufenthaltsräume für Wissenschaftler und Seeleute. Das Schiff hat Platz für zehn bis zwölf Wissenschaftler. Hinzu kommen die gleiche Zahl Techniker, eine ebenfalls ein Dutzend Mann starke Bohrmannschaft sowie über 30 Matrosen und Schiffsoffiziere. Für Lebensmittel steht genügend Vorratsraum zur Verfügung, so daß die *Glomar Challenger* zwei Monate auf See bleiben kann, ohne einen Hafen anlaufen zu müssen.

Ich freute mich, nach anderthalb Jahren wieder an Bord zu sein, und wurde von so manchem Mitglied der Mannschaft, das schon an der *Leg-3*-Kreuzfahrt im Atlantik teilgenommen hatte, als alter Bekannter begrüßt. Stradner begab sich sofort hinab ins Paläo-Lab, um dessen Einrichtung in Augenschein zu nehmen. Ich ging ins Wissenschaftsbüro, wo die Expeditionsunterlagen aufbewahrt werden, denn ich brannte vor Neugier darauf, was die letzten Kampagnen ans Licht gebracht hatten. Ein wenig später – aber noch am selben Vormittag – traf Bill Ryan ein, im Jumbo Jet, einem damals noch ganz neuen Spielzeug für Flugbesessene. Es gab eine Menge zu erzählen.

Kurz zuvor war Ryan in La Jolla gewesen, um sich der Zustimmung des JOIDES-Sicherheitsgremiums zu vergewissern. 1970 bestand JOIDES aus Wissenschaftlern von fünf ozeanographischen Instituten in den USA – den ursprünglichen vier plus Washington. Geleitet wurde es von einem Exekutivkomitee. Für wissenschaftliche und technische Entscheidungen war ein Planungsstab zuständig. In beiden Ausschüssen befanden sich je ein

19 Blick vom Bohrturm der Glomar Challenger auf die im Vorschiff ge-
lagerten Rohre des Bohrgestänges. Mit frdl. Gen. des DSDP.

Vertreter der unter der Kürzel JOIDES zusammengeschlossenen Institutionen sowie ein Vertreter des DSDP. Eine ganze Reihe von Ausschüssen erstattete dem Planungsstab Rechenschaft. Die damals wichtigsten Gremien waren für den Pazifik, den Atlantik und den Indischen Ozean – bzw. für die dort vorzunehmenden Bohrungen – zuständig. Aus irgendeinem rätselhaften Grunde war der beratende Unterausschuß für das Mittelmeer dem Beratergremium für den Indischen Ozean unterstellt. Allerdings erfreuten wir uns ziemlicher Unabhängigkeit und sandten unsere Berichte unmittelbar an den Planungsstab. Neben den sogenannten »geographischen« Gremien gab es Sonderabteilungen für Spezialprobleme und deren Lösung. Der Sicherheitsausschuß war eine erst jüngst ins Leben gerufene Sondergruppe dieser Art. Sie hatte zu gewährleisten, daß die wissenschaftlichen Bohrungen des DSDP auch »sicher« waren – »sicher« im ökologischen Sinne, d.h. daß sie nicht den Austritt von Erdöl oder Erdgas und damit eine Verschmutzung der Weltmeere zur Folge haben könnten.

Seit dem ersten Treffen der europäischen JOIDES-Freunde hatte sich das politische Klima drastisch verändert. Studenten, Naturschützer, Zeitungsleute und Politiker hatten ein neues Umweltbewußtsein entwickelt. Und sowohl die National Science Foundation als auch die Leute des DSDP erkannten, welche Gefahr es bedeutete, wenn wir zufällig auf Kohlenwasserstoff stießen. So wurden beispielsweise viele der geplanten *Leg-10*-Bohrstellen im Golf von Mexiko wegen der drohenden Meeresverunreinigung durch Erdöl wieder gestrichen. Mehr noch – der plötzlich erwachte Umweltschutzeifer führte dazu, daß ehemalige Befürworter der Anbohrung von Salzstöcken eine Kehrtwendung vollzogen. Gerade sie wollten nun von unserer Mittelmeerexpedition nichts mehr wissen und verlangten deren sofortige Streichung, denn es sah ja ganz so aus, als ob es auf dem Mittelmeergrunde bedeutende Erdölreserven gäbe. Und Kollegen, denen ohnehin mehr am Atlantik als am Mittelmeer lag, schlugen ersatzweise eine Route von Lissabon nach Monrovia vor. Zum Glück hatten jedoch auf dem letzten Treffen des Planungsstabes unsere Befürworter die Oberhand, und man billigte das Vorhaben unter der Voraussetzung, daß der noch junge Sicherheitsausschuß gegen die ins Auge gefaßten Bohrstellen keine Bedenken anmeldete. Deshalb suchten Bill Ryan und Roy Anderson, unser damaliger Verantwortlicher für die bohrtechnische Durchführung, noch in letzter Minute den

Sicherheitsausschuß in La Jolla auf. Sie gingen den Bohrplan Punkt für Punkt durch, bis sich das Sicherheitsgremium schließlich zufrieden zeigte. Nun saßen Ryan und ich in der Messe der *Challenger* und sprachen über dies alles. Da brachte man uns folgendes Telegramm:

etat K E Brunot Project Mgr care D A Knudson
and Co Ltd Cats do Sodre 8-2 Lisbon

Leg-Zustimmung gewährt Inhalt und Form wie gehabt ferner abhängig von nachfolgend empfohlenen Sicherheitsvorkehrungen formelle Billigung ging an Nierenberg

J.D. Sides, stellvertretender Direktor, Abteilung für nationale Forschungszentren und Laboratorien

Damit hatten wir endlich »grünes Licht« fürs blaue Mittelmeer.

Am 12. August veranstaltete der *Challenger*-Kapitän, Joseph Clarke, ein Treffen, das der Orientierung diente. Anwesend waren sämtliche Wissenschaftler an Bord, das gesamte Projektpersonal, der Bohrungsaufseher und der Verantwortliche für die bohrtechnische Durchführung. Kapitän Clarke gab uns alle wesentlichen »Einsatz«-Instruktionen und informierte uns über die vorhandenen Kommunikationsmöglichkeiten. Schließlich erkundigte ich mich nach dem genauen Zeitpunkt unserer Abreise. Er erwiderte, dies hätten die beiden wissenschaftlichen Leiter zu bestimmen. Ich war überrascht, daß diese Entscheidung uns oblag. Begierig, möglichst wenig Zeit zu verlieren und an die Arbeit zu gehen, schlug ich also vor, am nächsten Morgen so früh wie möglich auszulaufen. Dies aber erwies sich als unmöglich. Das Schiff hatte noch Verpflegung zu laden.
»Wie steht es dann mit dem frühen Nachmittag?«
»Wir haben Besucher, die das Schiff morgen abend besichtigen wollen. Sie gehen nicht vor neun oder zehn Uhr von Bord!«
»Ja muß denn das sein?«
»Doch – das hat alles die Nationalstiftung arrangiert.«
Also bestand keinerlei Aussicht, am 13. August vor 22 Uhr auszulaufen.
Laut Logbuch-Eintragung verließen wir Lissabon sogar erst am 14. August 1970, und zwar legten wir präzise um Null Uhr eine

Minute ab. Bis heute bin ich mir nicht so recht im klaren darüber, ob diese Verzögerung unserer Abreise nicht vielleicht mit dem Aberglauben der Seeleute zu tun hatte. Hatte ja sogar mich selbst einiges Unbehagen beschlichen, als ich zum ersten Male vernahm, daß unsere Expedition die Bezeichnung *Leg 13* trug und daß sie überdies ausgerechnet am 13. August beginnen sollte. Erst im Frühjahr desselben Jahres hatte der Zwischenfall mit *Apollo 13,* bei dem drei Astronauten verbrannten, Öl ins Feuer der »Zahlengläubigen« gegossen, und kaum war ich an Bord der *Challenger,* als mir schon fast jeder in den Ohren lag, nur ja nicht am 13. zu starten! »Sehen sie doch nur, was für ein Pech *Leg 10* hatte,« brachte irgend jemand vor. »Die Jungs liefen am Freitag, dem 13., aus und hatten kaum ihr Zielgebiet erreicht, als sie schon nach Brownsville zurückmußten, weil die Schiffsdüsen repariert werden mußten.«

Andere wußten noch weitere Mißgeschicke der *Leg-10*-Expedition anzuführen. Beispielsweise wurde nach jener denkwürdigen Fahrt der Kapitän des Schiffes gefeuert. Es hieß, er habe vergessen, eine bestimmte Kursänderung vorzunehmen. So lief das Schiff falschen Kurs, und auch der wissenschaftliche Leiter an Bord merkte nichts, denn er schlief zur angegebenen Zeit. Außerdem durfte man dort, wo man eigentlich wollte, nicht bohren, weil die National Science Foundation anders lautende Anweisungen gab. Bohrgestänge saßen in den Bohrlöchern fest, Teile der wertvollen Ausrüstung gingen verloren und was dergleichen Mißhelligkeiten mehr waren. Vielleicht geschah es daher doch nicht so ganz ohne abergläubische Hintergedanken, daß man am Abend des 13. August noch Besucher an Bord ließ, durch die sich unser Aufbruch auf den 14. verschob?

Am Nachmittag des 13. August kamen die an Bord arbeitenden Wissenschaftler zusammen. Wir waren unserer neun: Bill Ryan, Vladimir Nesteroff, Guy Pautot, Forese Wezel, Jenny Lort, Maria Cita, Herbert Stradner, Wolf Maync und ich (Abb. 21). Nur Paulin Dumitrica fehlte. Terry Edgar, der damals wissenschaftlicher Leiter des Tiefseebohrprojektes war, hatte den Auftrag gehabt, die passenden Leute auszusuchen. Seine Vorschläge bedurften der Bestätigung seitens des JOIDES-Planungskomitees und der Nationalstiftung Wissenschaft. Ryan und mich hatte man ausgewählt, kurz nachdem wir unseren Vorschlag geäußert hatten, im Mittelmeer zu bohren. Gemeinsam zu wissenschaftlichen Leitern ernannt, ge-

20 *Die Bohrmannschaft macht sich bereit, mit dem Bohren zu beginnen. Ganz rechts erkennt man die Bohrhütte mit ihren Wellblechwänden, links die Winde, die eigens konstruiert wurde, um die Bohrkerne an ihrer Fangleine aus der Tiefe emporzuziehen. M. frdl. Gen. des DSDP.*

nossen wir das Privileg, unsererseits Vorschläge für die Zusammensetzung des Gelehrtenstabes vorzubringen. So benannten wir Guy Pautot vom französischen Forschungszentrum Brest, Forese Wezel von der Universität Catania sowie Jenny Lort von der Universität Cambridge als Sedimentologen. Sie alle kamen von Instituten, wo man seinerzeit aktive Mittelmeerforschung trieb. Vladimir Nesteroff hatte sich selbst beim Tiefseebohrprojekt beworben. Er kam von der Pariser Sorbonne. Bill Riedel und sein JOIDES-Gremium, dessen Aufgabenbereich die Biostratigraphie war, empfahlen uns unser Mikropaläontologenteam: Maria Cita von der Universität Mailand, Herbert Stradner vom Geologischen Forschungsdienst Österreichs, Wolf Maync, einen freiberuflichen

21 Die Wissenschaftler der Leg-13-Mittelmeerexpedition des DSDP.
Stehend von links nach rechts: Ryan, Pautot, Wezel, Stradner, Nesteroff und der Autor. Sitzend von links nach rechts: Maync, Jenny Lort
und Maria Cita. Mit freundlicher Genehmigung des DSDP.

Geologie-Berater, sowie schließlich Paulin Dumitrica von der Rumänischen Akademie der Wissenschaften. Somit hatte uns Terry
Edgar, der aus all den eingegangenen Vorschlägen seine Auswahl
getroffen hatte, ein internationales Team von Wissenschaftlern
mitgegeben – Wissenschaftler aus Frankreich, Großbritannien,

Italien, Österreich, Rumänien und aus der Schweiz. Der einzige, der eine amerikanische Institution repräsentierte, war Bill Ryan. Als schließlich auf diesem ersten Stabstreffen unsere Ziele umrissen, die Aufgaben verteilt und Routinedetails geklärt waren, rückte Ryan mit einem Ergänzungsvorschlag zur Tagesordnung heraus. Seiner ausgebeulten Brieftasche entnahm er einen mit Bleistift bekritzelten Zettel. Dieser enthielt ein Anliegen unseres französischen Freundes Xavier Le Pichon. Es handelte sich um die Bitte, zusätzlich in der Gorringe-Bank zu bohren, die südwestlich von Lissabon im Atlantik liegt. Ich war höchst irritiert. Das DSDP hatte bereits sechs Kampagnen im Atlantik hinter sich, und noch einige weitere waren geplant. Warum sollten wir unsere Zeit damit verschwenden, noch ein Loch in den Atlantikboden zu bohren, obwohl wir doch alle nichts anderes im Sinn hatten, als so rasch wie möglich die Straße von Gibraltar hinter uns zu bringen, um im Mittelmeer buchstäblich Neuland zu bearbeiten? Außerdem kann ich nicht behaupten, daß mir der Zweck dieses Vorhabens eingeleuchtet hätte. So begann die Zusammenarbeit zwischen Ryan und mir leider mit einem Mißklang. Noch immer saßen wir bei unseren Plänen, als die offiziellen Besucher auftauchten. Ryan führte den amerikanischen Botschafter und dessen Begleiter im Schiff umher, während ich das Vergnügen hatte, mich im Büro des Kapitäns mit der Gattin des Marineattachés zu unterhalten, die wenig Lust verspürte, mit ihren hochhackigen Schuhen auszuprobieren, wie leicht man auf Schiffstreppen ausrutschen kann.

Als unsere Gäste uns verlassen hatten, nahm Terry Edgar mich beiseite und forderte mich auf, zusammen mit ihm und einigen anderen den Versuch zu unternehmen, in Rumänien anzurufen, um zu erfahren, wie es mit Dumitrica stand. Leider kamen wir nicht durch. Also gingen wir von Bord, um unsere Mahlzeit einzunehmen. Im Restaurant versuchten Ryan und Edgar erneut, mich für die Bohrung in der Gorringe-Bank zu erwärmen. Ich war noch immer nicht überzeugt, begann aber nachzugeben, denn mir lag daran, daß die Zusammenarbeit mit Ryan harmonisch verlief. Außerdem hatte Le Pichon viel für uns getan, und die Vorstellung gefiel mir gar nicht, auch ihn zu enttäuschen. Also stieß ich auf dem Rückweg zum Schiff hervor:

»Okay, Bill, du gewinnst. Wir fahren zur Gorringe-Bank. Doch ganz sicher wird es dort nur harten Meeresgrund geben, an dem sich unsere Meißel die Zähne ausbrechen werden!«

Ryan erwiderte mit einem Anflug von Melancholie:
»Wünsch' mir kein Unglück, Ken! In Lamont gibt es genug Leute,
die mir mit Freude vorhalten würden: ›Ich hab's ja immer schon
gesagt!‹«
So kamen wir zu unserem Bohrloch in der Gorringe-Bank. Es erwies sich als einer unserer interessantesten Forschungsplätze. Später lehrte mich diese Episode, mich nicht allzu stur auf meine Intuition zu verlassen. Was Ryan anging, so behauptete er nach
unserer Forschungsfahrt immer wieder steif und fest, er habe dieses Bohrloch mit 150 Escudos erkauft – dies war das Geld für das
Diner. Er hatte es mir geliehen, weil mir mein portugiesisches
Geld ausgegangen war. Eine noch bessere Geschichte machte auf
dem Biskaya-Symposion die Runde, das im Dezember 1970 in
Paris stattfand. Dort erzählte man sich, ich hätte in dem Lissabonner Restaurant dermaßen viel Wein in mich hineingegossen, daß
ich nicht aufgewacht sei, bis wir schon zu unserer Bohrstelle im
Atlantik unterwegs waren.
Nach jenem legendenträchtigen Essen gingen wir alle noch einmal ins »Florida«. Hier wollten wir ein letztes Mal versuchen, te-
lefonisch nach Rumänien durchzukommen. Diesmal kam zwar eine Verbindung zustande, doch verstand niemand von uns, was
unser Gesprächspartner am anderen Ende der Leitung uns mitzuteilen hatte. Nach einer halben Stunde totaler Konfusion gaben
wir auf. Doch Bob Gilkey, der für die Versorgung des Schiffes zu-
ständige DSDP-Offizier, blieb eisern entschlossen, Dumitrica
ausfindig zu machen. Unmittelbar bevor Ryan und ich die Gangway betraten, legte er uns ans Herz, ja in Gibraltar pünktlich zu
sein. Möglich, daß er den rumänischen Kollegen doch noch an
Bord bringen könnte.
Es war beinahe Mitternacht. Wir lehnten an der Reling und winkten unseren Freunden zu, als sich die *Challenger,* getrieben von
ihren seitlichen Zusatzdüsen, langsam von der Lissabonner Kai-
mauer entfernte . . .

4

Krise und Wagnis

Der Bohrturm des Bohrschiffes erhob sich 45 Meter über das Rüstdeck und fast 60 Meter über die Wasserlinie. Was für ein Anblick, diesen mächtigen Turm unter der riesigen Brücke hindurchgleiten zu sehen, die die Hafeneinfahrt von Lissabon überspannt! Tejo-abwärts nahmen wir einen Lotsen, und schließlich hatten wir gegen 2 Uhr morgens die offene See erreicht. Allerdings fehlte mir die Geduld, und der kurze Abstecher zu unserer ersten Bohrstelle schien mir viel zu lang. Plötzlich hatte ich den Eindruck, das Schiff mache keine Fahrt mehr. Ich eilte zur Brücke, um nachzusehen. Tatsächlich: Wir lagen bewegungslos auf See und warteten darauf, daß man unseren Lotsen von Bord holte.

»Wo ist das Lotsenboot?«

»Ich weiß nicht. Es war eine Zeitlang hinter uns, jetzt ist es verschwunden.«

So begann unser Unternehmen recht merkwürdig. Wie sich herausstellte, hatte das Lotsenboot nicht mehr genügend Treibstoff an Bord gehabt und zum Bunkern in den Hafen zurück gemußt. Dies bedeutete für uns eine volle Stunde Wartezeit. Erst dann erschien das Fahrzeug wieder auf der Bildfläche, um unseren Lotsen mitzunehmen.

Unsere erste Bohrstelle erreichten wir am frühen Nachmittag des 14. August. Wir wollten unser erstes Bohrloch in die Nordflanke einer unter dem Namen Gorringe-Bank bekannten unterseeischen Erhebung teufen. Dieses untermeerische Gebirge erhebt sich mehr als 2 500 Faden (1 Faden = 1,8 Meter) über die Tiefsee-Ebene bis zu einer Höhe von etwa 500 Faden unter dem Meeresspiegel (Abb. 22). Schon vorher hatten die Franzosen mit ihrem Forschungsschiff *Charcot* des CNEXO, dem Centre National pour l'Exploitation des Océans (»Staatliches Zentrum für Meeresnutzung«), hier Untersuchungen vorgenommen. Nach sorgfältigem Studium der seismischen Profile gelangten wir zu dem Resultat: Die beste Stelle für den Bohrmeißel befand sich in 890 Faden Tiefe an der nördlichen oberen »Schulter« der Bank. Also beschlossen wir, uns von Norden her an die Bank heranzutasten und genau dort mit dem Bohren zu beginnen, wo unser nach dem Echolotprinzip arbeitender Präzisionstiefenmesser (englisch *precision depth recorder,* abgekürzt PDR) eine Tiefe von 890 Faden anzeigte.

Doch als wir uns auf den fraglichen Punkt zubewegten, merkten Ryan und ich, daß eine Krise bevorstand. Seit dem Verlassen von Lissabon hatte unser PDR-Gerät nicht mehr funktioniert. Die ganze Nacht hatte Pete Garrow, unser Elektroniker, versucht, es zu justieren, doch hatte er noch nicht einmal herausbekommen, wo die Störungsquelle saß. Inzwischen versuchte Ken Forsman, ein Techniker an Bord, dem es zwar an Erfahrung, doch keineswegs

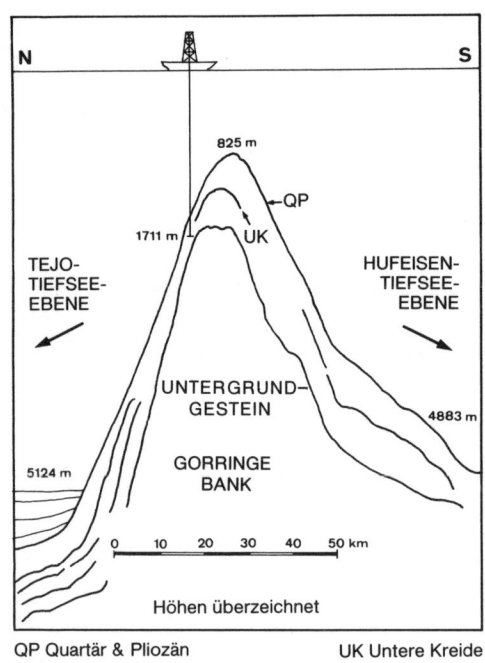

QP Quartär & Pliozän   UK Untere Kreide

22 Skizze der Gorringe-Bank mit dem ersten Bohrloch der Leg-13-Expedition. Mit freundlicher Genehmigung des DSDP.

an Einfällen mangelte, eine Notlösung zu finden. Und zwar unternahm er gemeinsam mit Ryan den Versuch, das veraltete Fadenmeßgerät unseres Schiffes mit einem der beiden Empfänger unserer CSP-Anlage zu koppeln. Immerhin konnte der alte Tiefenmesser noch Signale aussenden, nur seine Empfangsanlage war vollkommen hinüber. Bei einer Tiefe von 900 Faden brachte er es auf eine Fehlmessung von 50 Faden und mehr. Wenn es also gelang, die Signale dieses Gerätes mit einem modernen Empfänger aufzunehmen, hatten wir einen brauchbaren Ersatz für unseren PDR.

Wir mußten um 18 Uhr an dem Zielpunkt eintreffen. Gegen 16 Uhr ging ich zum Elektroniklabor. Doch Ryan, der sich um die Navigation kümmern sollte, war nicht da. Wie es hieß, war er unten im Lager, um Forsman zu helfen, der ein paar Ersatzteile brauchte. Auf dem Zeichentisch im Elektroniklabor herrschte ein schreckliches Durcheinander. Um die Seekarten ausbreiten zu können, mußte ich erst einmal Widerstände, Kondensatoren und Drähte jeder Art beiseite schieben. Gerade als ich begann, unseren Kurs abzustecken, blickte der Kapitän zur Tür herein und fragte, wo wir denn eigentlich genau wären. Eine derartige Frage nimmt sich natürlich bei einem Kapitän seltsam aus. Normalerweise ist es ja gerade die Schiffsführung, die das Navigieren besorgt. Bei der Ozeanographie kommt es jedoch auf allergenaueste Positionsbestimmung an, so daß die herkömmlichen Methoden nicht mehr ausreichen. Man wendet deshalb heute das Verfahren der Satellitennavigation an, das sogenannte *sat-nav,* und dieses Verfahren erwies sich während sämtlicher Kampagnen des Tiefseebohrprojektes als unverzichtbar. Seine Anwendung aber lag in den Händen der Wissenschaftler, nicht der Schiffsleitung.

Die *Glomar Challenger* war das erste mit *sat-nav* ausgerüstete zivile Schiff. Das System beruht auf dem wohlbekannten Dopplereffekt. Die Bezeichnung geht auf einen österreichischen Physiker des 19. Jahrhunderts namens Doppler zurück. Doppler beobachtete seinerzeit, daß die Dampfpfeife einer sich nähernden Lokomotive einen höheren Ton von sich gab, als wenn die Lokomotive sich entfernte. Wissenschaftlich ausgedrückt: Die Frequenz, also die Tonhöhe, eines empfangenen Signals, etwa der Pfeife, hängt vom Verhältnis der Geschwindigkeit zwischen dem Sender (der Lokomotive) und dem Empfänger (dem Ohr) ab. Beim *sat-nav*-System ist der Sender einer der Satelliten, die die Erde umkreisen, der

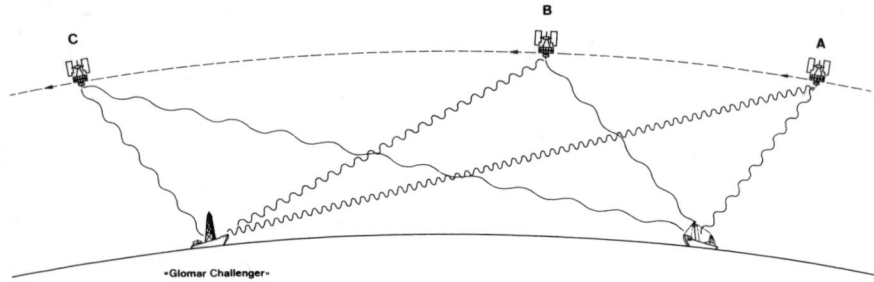

23 So funktioniert die Satellitennavigation. Die Frequenz der an Bord eines Schiffes empfangenen Signale verändert sich, während der Satellit sich von A nach C hin bewegt.

Empfänger dagegen das auf See seinen Kurs ziehende Schiff. Durch Vergleich der bekannten Frequenz des von dem betreffenden Satelliten ausgesandten Signals mit der des Signals im Empfänger lassen sich die Geschwindigkeitsrelation zwischen dem Satelliten und dem Schiff sowie die Entfernungen zwischen beiden während der verschiedenen Phasen des Satellitenfluges errechnen. Da aber die Satellitenbahn genau bekannt ist, ermöglichen die berechneten Entfernungen gleichzeitig die Bestimmung der Schiffsposition mittels Triangulation (Abb. 23).

Die *sat-nav*-Methode erfordert elektronische Geräte für den Empfang von Satelliten-Radiosignalen, desgleichen einen Computer, der groß genug sein muß, um die notwendigen, recht komplizierten Berechnungen durchführen zu können. Als Satelliten und Schiffscomputer noch relativ neue Erfindungen waren, bereitete – wie Bill Menard es so lebendig in seinem Buch *Anatomy of an Expedition* (»Anatomie einer Expedition«) beschreibt – die genaue Ortsbestimmung den Ozeanographen stets das schlimmste Kopfzerbrechen. Wir aber hatten *sat-nav* und litten unter derartigen Kopfschmerzen nicht – oder besser gesagt: Wir hätten derartige Kopfschmerzen nicht zu haben brauchen, wenn alles funktioniert hätte, wie es sollte.

Kapitän Clarkes Frage war für mich das Signal, hinab ins Wissenschaftsbüro zu stürzen, um herauszubekommen, warum man die letzte *sat-fix*, also die durch Satellitennavigation ermittelte Position, nicht dem Kapitän mitgeteilt habe. Pete Garrow war unten. Es war seine dritte Fahrt auf der *Challenger.* Jung und voller Energie, überraschte Garrow mich in Lissabon damit, daß er die Tage zu zählen begann. Wir alle taten dies gegen Ende der Fahrt, nicht aber schon von Anfang an, geschweige denn bereits vor dem Auslaufen. Doch dann erfuhr ich, daß Garrow jung verheiratet war und direkt von seiner Hochzeitsreise, die ihn nach Dänemark geführt hatte, nach Lissabon gekommen war. Es war also nur allzu verständlich, daß er gerade damals am allerwenigsten darauf erpicht war, zwei Monate auf See zu verbringen. Als ich ihn im Wissenschaftsbüro vorfand, schien er am Ende seines Lateins zu sein. Nicht nur die PDR-Anlage war kaputt, auch das *sat-nav*-System funktionierte nicht, wie es hätte funktionieren müssen. Seit unserem Auslaufen hatte Pete fieberhaft gearbeitet, um alles in Ordnung zu bringen. Nicht einmal Schlaf hatte er sich gegönnt. Doch hatte er keinerlei Erfolg gehabt. Er programmierte gerade den Computer um, als ich ihn mit meiner Frage überfiel, warum die letzte *sat-fix* nicht dem Kapitän gemeldet worden sei, und seine Antwort lautete ebenso kurz wie bündig: »Der Kapitän hat keine *sat-fixes* bekommen, weil wir keine haben.«

So lief die *Challenger* auf ihr Ziel zu, doch wir waren blind und taub. Immerhin war die Luftkanone noch in Ordnung, die die für das CSP-Verfahren erforderlichen Schallwellen lieferte. Nur was das Gerät dann anzeigte, war verheerend.

Wir suchten also unser Heil bei der üblichen Sextantenmethode, und 16^{30} Uhr meldete der dritte Maat, wir seien unserem Zielpunkt ziemlich nahe. Möglicherweise seien es nur noch ein paar Seemeilen bis dorthin. Da erschien Ryan auf der Bildfläche. Forsmans Bemühungen, den Tiefenmesser mit dem CSP-Empfänger zu koppeln, hatten sich als Fehlschlag erwiesen. Als jedoch gerade alles zusammenzubrechen schien, riß uns Garrow aus unserer Verzweiflung. Es war ihm gelungen, den Computer umzuprogrammieren. Er legte uns ein *sat-fix* vor, wonach wir uns um 16^{47} Uhr nur viereinhalb Kilometer genau im Norden unserer vorgesehenen Zielposition befunden hatten. Nun aber war es bereits 17^{05} Uhr, und wir mußten längst über unser Ziel hinaus sein. Also nahmen wir eine scharfe Kurskorrektur von 226° auf 170° vor und liefen unseren Bestimmungsort ohne PDR an. Statt dessen schalteten wir auf unser altes Fadenmeßgerät um.

Die Lokalisierung der richtigen Stelle war nur die eine Hälfte unseres Problems. Die andere bestand darin, ein Schiff von 11 000 Tonnen Wasserverdrängung an einem ganz bestimmten Punkt in

Position zu bringen. Wir konnten das Schiff nicht einfach abbremsen wie ein Landfahrzeug und anhalten, nachdem es seinen Zielpunkt erreicht hatte. Wie andere ozeanographische Forschungsschiffe auch, zog die *Challenger* eine Reihe von Forschungsgeräten im Schlepp hinter sich her: das Magnetometer, »*Maggie*« genannt, sowie zwei »Garnituren« sogenannter »Aale«, womit Luftkanonen und Hydrophone gemeint waren. Dies alles hing an insgesamt etwa einem Kilometer langen Schlepptauen hinter dem Schiff, und man mußte diese Schlepptaue mit all den Geräten einholen, bevor das Schiff seine Fahrt endgültig verlangsamte und schließlich zum Stillstand kam. Andererseits brauchte man diese Ausrüstung für Vermessungs- und Sondierungszwecke. Daher konnte man sie erst einziehen, nachdem der jeweilige Zielpunkt genauestens lokalisiert war. Eine einfache Methode, das Problem zu lösen, hätte darin bestanden, beim Passieren des Zielpunktes einen Signalsender auszuwerfen. Doch ein aus einem Schiff mit noch acht Knoten Fahrt geworfenes Objekt setzt sich möglicherweise nicht richtig auf dem Meeresgrund fest, und das Risiko ist groß, es zu verlieren. Immerhin kostet ein solcher Sender mehrere tausend Dollar. Wir hatten daher Anweisung, die übrigens für spätere Fahrten aufgehoben wurde, nur im äußersten Notfall den Sender so zum Einsatz zu bringen. So entwickelten wir während unserer Fahrt ein anderes, wesentlich primitiveres Verfahren: Wir warfen schwimmende Markierungen über Bord. Leider wurden diese Markierungen von den vorhandenen Strömungen zwei oder mehr Kilometer abgetrieben, bis unser Schiff nach der Bergung des Schleppzeuges zurückkehrte.

Dennoch versuchten wir es bei der Gorringe-Bank mit der billigeren Methode. Als wir anhand der seismischen Profile unseren Platz, wo wir bohren wollten, bestimmt hatten, setzte die Mannschaft ein rotgestrichenes Faß und eine Boje mit roter Flagge aus. Zwar zeigte unser Tiefenmesser nur 835 Faden an, doch unseren Berechnungen zufolge mußten wir uns 890 Faden oder mehr über dem Meeresgrund befinden. Während die Techniker das Magnetometer und die »Aale« bargen, machten wir langsame Fahrt nach Süden. Schließlich hielten wir wieder auf unser Ziel zu, doch Faß und Boje lagen inzwischen etwa einen Kilometer auseinander. Den alten Tiefenmesser als Orientierungshilfe benutzend, kamen wir zu dem Resultat, die Boje müsse die zuverlässigere der beiden Markierungen sein. Als das Gerät abermals 835 Faden anzeigte,

24 Bohrleute beim Zusammensetzen des Bohrstranges. Mit freundlicher Genehmigung des DSDP.

setzten wir den Kapitän in Kenntnis, der seinerseits das Kommando »alle Maschinen stop« erteilte.

Sobald die *Challenger* an Ort und Stelle war, nahmen wir unser »dynamisches Positionierungssystem« in Betrieb, um sie am Platze zu halten. Ein über Bord geworfener und an einem bestimmten Punkt auf dem Meeresboden liegender Signalsender begann akustische Signale zu senden, die der Schiffscomputer mit seiner Empfangsanlage aufnahm. Driftete das Schiff aus dem Sendebereich, gab der *Computer* seinerseits einem oder mehreren der vier seitlichen Antriebsaggregate eine entsprechende Weisung, und die betreffenden Strahlantriebe beförderten das Schiff an seine ursprüngliche Position zurück. Doch selbst dann hatte das Schiff noch einen Abdriftspielraum von maximal 60 Metern. Mithin durfte das Bohrgestänge, das auf keinen Fall stark genug war, um das Schiff in Position zu halten, nicht starr sein. Es wäre sonst gebrochen. Gewisse Teile des Bohrstranges, die sogenannten Pufferzonen, waren daher wie Autostoßdämpfer konstruiert. Sie konnten nicht nur senkrechte Bewegungen auffangen, sondern gleichzeitig auch die Drehung des Gestänges mitmachen.

Genau um 18 Uhr wurde der Signalsender ausgeworfen. Er erreichte den Meeresboden zehn Minuten später. Inzwischen begann die Bohrmannschaft das Bohrgestänge zusammenzusetzen (Abb. 24). Selbstverständlich mußten die Männer wissen, wie tief das Meer an der fraglichen Stelle war, denn sie sollten den Bohrstrang in Bodennähe sanfter, vorsichtiger herablassen, um ein allzu hartes Aufsetzen auf dem Meeresgrunde und damit einen möglichen Bruch zu vermeiden. Unglücklicherweise hatte das CSP-Gerät eine Tiefe von 890 Faden registriert, das Tiefenmeßgerät aber nur 835. Vorsichtshalber gaben wir die niedrigere der beiden Ziffern weiter, nämlich 835 Faden bzw. 1600 Meter. Als wir uns dieser Tiefe näherten, verlangsamte die Mannschaft das Absenken, und das Bohrgestänge glitt nur noch sehr behutsam durch den »Mond-Teich«. Bald aber waren wir über die 1600-Meter-Marke hinaus, und die Instrumente registrierten noch keine Bodenberührung. Der Anzeiger wanderte weiter und ging über 1605, 1623, 1641 und 1659 hinaus ... Jedesmal, wenn eines der 18 Meter langen Doppelsegmente des Gestänges neu angeschlossen und in die Tiefe gelassen wurde, ernteten wir giftige Blicke vom Bohrer, vom Rüster, vom Bohraufseher und vom technischen Leiter. Ganz sicher war dies nicht die beste Methode für zwei junge, unerfahrene wissenschaftliche Leiter einer Bohrexpedition, das Vertrauen der Bohrmannschaft zu gewinnen. Meine Entschuldigung, auf unseren alten Tiefenmesser sei eben kein Verlaß mehr, machte keinen sonderlichen Eindruck.
Die peinliche Situation nahm und nahm kein Ende. Wir überschritten die Tiefenmarken 1673 und 1691 – um nur noch giftigere Blicke zu ernten. Schließlich hielt ich es nicht mehr aus und beschloß, ins Elektroniklabor zurückzugehen, um die Tiefenmessungen erneut zu überprüfen. Dabei zeigte sich, daß die mit Hilfe des CSP-Gerätes ermittelte Wassertiefe sogar 1716 Meter betragen konnte. Tatsächlich – als ich über die Brücke zum Rüstdeck zurückkehrte, fiel mir sofort auf, daß das Absenken des Bohrstranges aufgehört hatte. Ich hastete zur Bohrhütte und vernahm zu meiner Erleichterung: 1711 Meter unter dem Meeresspiegel hatten wir endlich Bodenberührung – fast auf den Meter genau, wie es der CSP-Aufzeichnung entsprach.

Bei der Bohrung in der Gorringe-Bank ging es uns vor allem um einen Vergleich zwischen der Entstehung des Mittelmeers und der

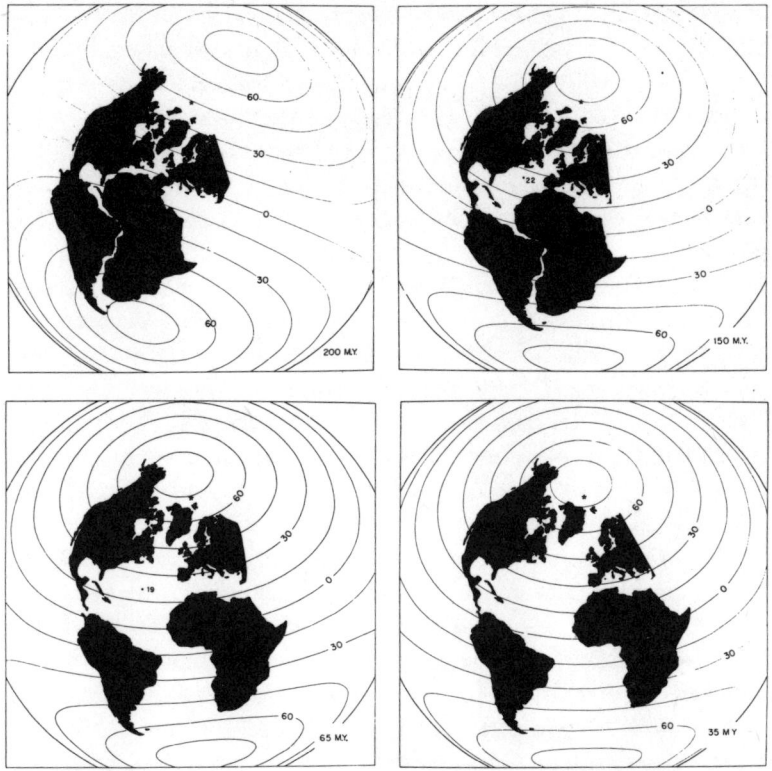

25 Etappen der Kontinentaldrift, die vor 200 Millionen Jahren begann, als Europa, Afrika sowie Nord- und Südamerika noch einen einzigen Kontinent bildeten, bis zu der Zeit vor 35 Millionen Jahren, als Afrika und Europa sich noch immer von Amerika entfernten, aber einander annäherten. Mit freundlicher Genehmigung der Geological Society of America.

des Atlantik. Die meisten Geowissenschaftler glaubten damals, der Atlantik habe sich aufgetan, als Europa und Afrika vor etwa 150 Millionen Jahren von Amerika abdrifteten (Abb. 25). Ein deutscher Meteorologe namens Alfred Wegener war es, der in den zwanziger Jahren erstmals diese Theorie in ihrer klassischen Form vortrug. Fast vierzig Jahre war sie dann vergessen, bis in den sechziger Jahren Vine und Matthews — auf neuen geophysikalischen und ozeanographischen Erkenntnissen fußend, die man in dem Jahrzehnt zuvor gewonnen hatte — sie wieder ausgruben und neu belebten. Die Tiefseebohrkampagne im Südatlantik trug erheblich dazu bei, selbst so abgebrühte Skeptiker wie mich zu überzeugen. Wir konnten es uns einfach nicht vorstellen, daß Kontinente im Verlaufe von 100 Millionen Jahren Tausende von Kilometern gewandert sein sollten. Als die *Leg-13*-Expedition stattfand, hatte sich die Kontinentaldrift-Theorie bereits durchgesetzt. Wir konnten sie daher unserer Interpretation der geologischen Verhältnisse des Mittelmeeres und seines Vorgängers, des Tethys-Ozeans, zugrundelegen.

Nach der These von der Ausdehnung des Meeresbodens waren Europa, Afrika sowie Nord-, Mittel- und Südamerika samt und sonders Teile eines Superkontinents, den die Gelehrten als *Pangaea* bezeichnen. Dieser »Gesamtkontinent« begann vor über 200 Millionen Jahren auseinanderzubrechen. Die Tethys, wie man den Ozean zwischen Afrika und Europa nennt, entstand zur selben Zeit, als sich der Zentralatlantik öffnete – dies geschah vor etwa 150 Millionen Jahren – und Afrika von Pangaea absplitterte. Europa war damals noch eng mit Nordamerika verbunden. Wenn diese Hypothese zutraf, mußte auf dem Grunde des Atlantiks dieselbe Gesteinsabfolge anzutreffen sein wie unter der Tethys. Mit anderen Worten: Die ersten, ältesten Sedimente aus dem ältesten Teil des Atlantik sowie die ersten ozeanischen Sedimente aus der Tethys müßten etwa gleich alt sein. Später schrumpfte die Tethys, einst ein mächtiger Ozean, durch erderschütternde Gebirgsbildungsprozesse auf einen winzigen Bruchteil ihrer ursprünglichen Größe zusammen. Wie gewaltig sie einst war, verraten nur noch die Felsmassen der Alpen, die einst Tethys-Sedimente waren.

Die Sedimente aus der Tethys wurden zusammengepreßt und zu Alpenhöhe emporgefaltet, als Europa sich von Amerika losriß, nach Osten hin abdriftete und dabei auf Afrika prallte. Gesteine des einstigen Tethys-Grundes stehen an den Flanken ragender Alpengipfel offen an. Wegen ihres gefleckten, grünlichen Aussehens bezeichnet man sie als *Ophiolithe, als* »Schlangen-Steine«. Zu diesen Ophiolithen gehören Basalt, der aus erkalteten untermeerischen Laven besteht, Gabbro, der zwar dieselbe Zusammensetzung wie Basalt, jedoch gröbere Kristalle hat, desgleichen Serpentinit, der aus einst tief unter der Erdkruste gelegenen Gesteinsschichten stammt. Die Tethys-Ophiolithe in den Alpen liegen unter mehr als 130 Millionen Jahren alten ozeanischen Sedimenten. In der Gorringe-Bank wollten wir nun diese ozeanischen Ablagerungen durchteufen, um festzustellen, ob wir darunter

26 Zwei Bohrleute entnehmen dem Bohrgestänge einen Kernzylinder.

130 Millionen Jahre alten Ophiolith fanden. Das war fast zuviel verlangt, denn älteren Experten zufolge trafen wir dort möglicherweise auf sehr harten Fels. Wenn dies zutraf, war unser Bohrmeißel vielleicht schon kaputt, bevor wir das Untergrundgestein erreichten.

In den frühen Morgenstunden des 15. August begannen wir, die Bohrkerne zu bergen. Wir warteten voller Ungeduld, bis nach dem Morgendämmern der erste Kern heraufkam. Eine solche Probe Tausende von Metern vom Meeresboden zum Meeresspiegel emporzubefördern ist recht einfach. Es ist die Drehung des Bohrgestänges, die den Bohreffekt bewirkt. Hat man eine bestimmte Tiefe erreicht, so unterbricht man die Bohrung, also die

Drehung, für kurze Zeit und trennt am oberen Ende zwei Segmente voneinander. Dann läßt man innerhalb des Bohrstranges bis unmittelbar oberhalb des Bohrmeißels einen Zylinder hinab. Hat dieser sogenannte Kernzylinder die richtige Position erreicht, schließt man oben die getrennten Segmente wieder aneinander und beginnt mit der Drehbewegung erneut. Dabei frißt sich der Bohrmeißel noch tiefer. Der Flüssigkeitsdruck im Bohrstrang wird jetzt reduziert, so daß das Sediment nicht mehr ausgespült wird, sondern in ein Plastikeinsatzstück innerhalb des Kernzylinders eintritt. Wenn man dann neun Meter tiefer gebohrt hat, ist der Kernzylinder gefüllt. Nun unterbricht man die Rotation abermals und läßt eine Art Angelschnur in die Tiefe. Am Ende dieser Angelschnur hängt ein Haken, der in eine entsprechende Öse oben am Kernzylinder greift, so daß man diesen zum Rüstdeck emporziehen kann. Dort trennt man die Segmente des Bohrgestänges wieder und nimmt den Kernzylinder mit der Probe heraus (Abb. 26). Danach schickt man entweder zum Zweck »kontinuier-

27 *Die Kunststoffauskleidung eines Kernzylinders. Maria Cita kratzt an dieser Hülle klebenden Globigerinenschlamm ab. Jede der kostbaren Proben aus der Tiefe des Meeres wurde sorgfältig aufbewahrt.*

licher Probeentnahme« einen neuen Zylinder in die Tiefe oder bohrt ohne Zylinder weiter, bis die nächste Tiefenmarke erreicht ist, von der man eine Probe benötigt.

Selbstverständlich kann immer vielerlei schiefgehen, und wir hatten während der *Leg-13*-Kampagne unsere Probleme. Einmal war beispielsweise eine Öffnung im Kernzylinder verstopft, durch die normalerweise in den Zylinder gelangtes Wasser wieder entweichen kann, und wir brachten infolgedessen nur Wasser herauf. Dann wieder waren die Sedimente zu weich und sickerten beim Emporziehen durch die Vorrichtung am Ende des Zylinders, die den Kern hält. Ein drittes Mal war der Pumpendruck zu hoch, und das gesamte Sediment wurde weggespült.

Doch wenn alles so ablief, wie es sollte, nahm man den Zylinder aus dem Gestänge, und die Arbeiter der Bohrmannschaft zogen dessen inneres Plastikeinsatzstück heraus, das den eigentlichen Bohrkern enthielt (Abb. 27). Man legte dieses Einsatzstück vor dem *core lab* auf das Schiffsdeck. Dort wurde es in sechs Segmente bzw. Sektionen unterteilt, die man mit durchlaufenden Nummern versah. Jenny Lort oder unsere Techniker untersuchten diese Sektionen zunächst auf ihren Wassergehalt, ihre Gammastrahlen-Aktivität und dergleichen mehr. Dann halbierte man sie (Abb. 28). Die eine Hälfte war für das »Archiv« bestimmt, die andere für die »Weiterbehandlung«. Sie war es, die von den Sedimentologen untersucht wurde. Diese führten zunächst Routinetests durch. Beispielsweise bestimmten sie die Härte der Sedimente und beschrieben deren Farbe, Maserung, Struktur sowie ihre mineralische Zusammensetzung. Außerdem füllten sie von den zur Weiterbehandlung vorgesehenen Stücken kleine Proben in Plastikkapseln ab, um später noch Spezialuntersuchungen vornehmen zu können oder sie an Land von Kollegen untersuchen zu lassen.

Die für das Archiv bestimmten Hälften schickte man nach unten, wo sie fotografiert wurden. Die anderen kamen in das Paläo-Lab, wo man sich ihrer noch eingehender annahm. In der Regel wusch Maria Cita die Sedimente durch ein Sieb und entnahm dem im Sieb verbliebenen und getrockneten Rückstand mit einem winzigen Pinsel die Foraminiferen. Auch Stradner entnahm Sedimentproben, machte von ihnen einen Dünnschliff und untersuchte diesen unter einem Hochleistungsmikroskop, um zu bestimmen, welche Nannofossilien in ihnen enthalten waren. In manchen Proben findet man auch Foraminiferen vom Meeresgrund. Dies

28 Bill Ryan, der Verfasser und Travis Rayborn (der die Bohrungen beaufsichtigte) betrachten einen halbierten Bohrkern aus dem östlichen
Mittelmeer. Mit freundlicher Genehmigung des DSDP.

waren die »benthonischen« Organismen, mit denen sich vor allem Wolf Maync beschäftigte.

Unser erster Kern enthielt über 20 Millionen Jahre alten Globigerinenschlamm aus dem Unteren Miozän. Wir bohrten weiter. Als
wir uns abermals 20 Meter in die Tiefe hinabgearbeitet hatten,
förderten wir kreidiges Felsgestein zutage, das etwa 110 Millionen Jahre alt war. Die Sedimentsequenz, die wir durchteuften, äh-

*29 Ophiolith vom Grunde des Bohrlochs an der Bohrstelle 120 (Gor-
ringe-Bank). Dies bestätigte unsere Vermutung, daß die Alpen einst unter einem Ozean wie dem heutigen Zentralatlantik lagen.*

nelte der der Betischen Kordillere in Südspanien. Dies stimmte
optimistisch. Allerdings kamen wir mit unseren Bohrungen nun
sehr viel langsamer voran.

Nach anderthalb Tagen stießen wir auf immer härtere Felsforma-
tionen. Während der ganzen Nacht vom 15. zum 16. August kam
ich keinen Augenblick zur Ruhe und war voller Ungeduld. Also
hinab ins Paläo-Lab, um mich mit Maria Cita zu beraten. Wie lange sollten wir uns weiter in die Tiefe wühlen, während wir doch
nichts lieber getan hätten, als endlich mit unseren Forschungen im
Mittelmeer zu beginnen? Maria Cita dachte ebenso. Ihr ganzes Leben hatte sie über mittelmeerische Gesteinsformationen gearbeitet, und nun konnte sie es kaum erwarten, endlich eine Gesteinsprobe vom Grunde dieses »römischen Binnenmeeres« zu sehen.
Maync und Stradner waren ähnlicher Ansicht. Wir beschlossen,
Ryan eine letzte Chance zu geben. Ich ging zur »Baracke« des

Bohrmeisters und wies ihn an, um die Länge eines weiteren Doppelsegments in die Tiefe zu gehen und dann noch einen Kern zu entnehmen.

Das Gestänge mahlte weiter. Jedes Knirschen und Kreischen war Musik in meinen Ohren. Schließlich nahm ich schon früh mein Abendbrot ein, ging zu Bett, und Ryan übernahm die Aufsicht. Ich hatte noch keine Stunde geschlafen, als Ryan mich weckte. Er machte das Licht an und schwenkte ein Stück Felsgestein in der Hand.

»Wir sind bis zum Untergrundgestein durch!«

»Wie?«

»Wir sind bis zum Untergrundgestein durch,« wiederholte er aufgeregt und zeigte mir ein Stück des Kerns.

Es war ein Opholith, den man als Gabbro bezeichnet (Abb. 29) – genau dieselbe Art Gabbro, die ich zehn Jahre zuvor an einem nackten Felshang unterhalb des Allalinhornes bei Saas Fee im Wallis gesehen hatte. Dies war ein höchst bedeutsamer Fund! Bestätigte er doch unsere Auffassung, daß die Entstehung der Tethys bzw. der alpinen Geosynklinale mit der Öffnung des Zentralatlantik in Zusammenhang stand. Wir alle waren gehobener Stimmung.

So hatte unser Unternehmen einen glücklichen Beginn. Die Bohrstelle hätte nicht besser ausgewählt werden können, und wir hatten nicht zuletzt mit enormem Glück genau den vorgesehenen Punkt erreicht, wenn auch gewissermaßen mit verbundenen Augen. Wir hatten uns in keiner Felsformation festgefressen, kein Gestänge war zerbrochen, kein Bohrmeißel abhanden gekommen. Und vor allem hatten wir das Forschungsziel erreicht, dem die Bohrung diente. Aber was vielleicht noch wichtiger war: Ryan und ich hatten unsere Arbeit als erfolgreiches Gespann begonnen und so das Vertrauen unserer Mannschaft gewonnen. Das Bohrgestänge wurde hochgezogen, auseinandergenommen und gesichert. Dann verließ unser Schiff Bohrstelle 120. Wir schrieben den 17. August 1970, und es war nachts 3 Uhr, als wir Kurs ostwärts nahmen, auf die Straße von Gibraltar zu.

5

Zurück nach Gibraltar?

Am frühen Morgen des 18. August liefen wir in die Straße von
Gibraltar ein. Ich führte den ganzen Tag über Schiffstagebücher,
dann verbrachte Ryan die ganze Nacht mit Versuchen, den sogenannten Seismik-Profiler zu justieren. Und tatsächlich lieferte das
Gerät anschließend sehr viel bessere Ergebnisse. Am nächsten
Morgen, den 19. August, setzte ich mich mit Pautot zusammen. Es
ging um die Planung der nächsten Bohrstelle. Wir rechneten damit, Ryan werde lange schlafen, und hofften, ihn dadurch überra-
schen zu können, daß wir die *Challenger* noch während er schlief
zur nächsten Bohrstelle navigierten. Doch gerade, als wir uns kurz
nach Mittag der Stelle näherten, erschien auch Ryan wieder auf
der Bildfläche. Er brachte ein Telegramm Bob Gilkeys, man habe
Dumitrica gefunden.

Wir hatten vorgesehen, bei unserer nächsten Bohrung die Sedi-
mentfolge auf dem Boden des Alboran-Beckens zu durchteufen
und bis zum Kristallingestein vorzudringen. Uns lag daran, Informationen über den »M-Reflektor« zu sammeln, und wir hofften,
feststellen zu können, wie alt dieser Teil des Mittelmeerbeckens
war. Vielleicht lieferten uns die Bohrkerne sogar Aufschlüsse darüber, ob das westliche Mittelmeer tatsächlich noch weiter ausein-
anderriß, wie manche Geowissenschaftler behaupteten. So erreichten wir Bohrstelle 121 südlich von Malaga (Abb. 2) während
der frühen Nachmittagsstunden des 19. August. Die Sorge um den
Verbleib Dumitricas ging in der Erregung unter, die wir empfan-
den, als wir uns der neuen Bohrstelle näherten, die Akten über die
vorherige Bohrstelle schlossen und neue Pläne schmiedeten. Sobald das Bohrgestänge in die Tiefe gesenkt worden war und zu
mahlen begonnen hatte, ging ich ins Paläo-Lab, um mich mit Ma-

ria Cita zu unterhalten. Sie erwähnte beiläufig das Vorhandensein kieseliger Mikrofossilien in den Sedimenten, und da sie wußte, daß Dumitrica Experte für derartige Fossilien war, fragte sie, ob ich denn wisse, wo er sei. Mir fiel Gilkeys Telegramm ein, und ich rannte zur Brücke, um den Kapitän zu fragen, ob er den derzeitigen Aufenthaltsort unseres rumänischen Kollegen kenne.

»Ich weiß es nicht. Seit dem Telegramm, das Sie gestern erhielten, haben wir nichts mehr gehört.«

»Haben Sie etwas vom Scripps-Institut gehört?«

»Nein. Aber der Funker meinte, Scripps habe versucht, mit einer Nachricht für uns durchzukommen. Er wollte die Mitteilung auf Band aufnehmen, doch das Gerät funktionierte nicht. Auf jeden Fall wird er heute abend sieben Uhr noch einmal versuchen, eine Mitteilung zu erhalten.«

Es lag mir viel daran, zu erfahren, worum es bei dieser Nachricht ging. Ich versuchte dem Kapitän klarzumachen, wie wichtig der Funkspruch war: »Es sieht so aus, als ob wir Dumitricas Urteil brauchen würden.«

»Ach, so ist das, Herr Doktor,« erwiderte der Kapitän. »Wußt' ich's doch, daß hinter Ihrem lebhaften Interesse mehr steckt.«

Ich kehrte nach oben zurück und sprach mit Ryan über die schwierige Verbindung mit dem Scripps-Institut. Wir waren beide sehr beunruhigt wegen der vermeintlichen Interesselosigkeit unseres Funkers.

Abends riefen Ryan und ich die Mitglieder des wissenschaftlichen Stabes in der Lounge zusammen. Wir waren mit unserem Programm erst zur Hälfte durch, als der Kapitän hereinkam: »Sie hatten recht, die Nachricht heute früh muß sich auf Dumitrica bezogen haben. Doch wir haben noch immer nichts Näheres gehört.«

»Worin besteht denn eigentlich das Problem?«

»Ich schrieb schon vor längerer Zeit einen Brief an die Verwaltung und schilderte unsere Probleme, vom Mittelmeerraum aus mit Scripps Verbindung aufzunehmen. Doch nichts hat sich getan. Natürlich war mir klar, daß es kostspielig ist, die erforderlichen Kristalle zu bekommen. Doch nun haben wir die Schwierigkeiten. Ich will meinen Funker gar nicht in Schutz nehmen. Er ist noch neu in seinem Beruf. Aber wir können auch nicht viel tun. Unsere Mitteilungen von Scripps erhalten wir, indem wir die Funksprüche der Marine aus London abhören. Wir haben aber niemand, um diesen Abhördienst rund um die Uhr aufrechtzuerhalten.«

»Warum verpaßten wir die Nachricht heute früh?«

»Das lag nicht an uns. Die Meldung kam über Radio MERCAST. Sie kündigten an, sie hätten Mitteilungen für soundsoviele Schiffe. Dann lasen sie die Liste vor, und die Botschaften wurden, eine nach der anderen, durchgegeben. Als wir an der Reihe waren, gab es eine Störung. Der gesamte Text war verstümmelt, und man verstand kein Wort.«

»Soeben aber« – und deshalb war der Kapitän zu uns gekommen – »erhielten wir eine Nachricht von der Britischen Admiralität über Notfrequenz, daß zwei Wissenschaftler, ein Amerikaner und ein Rumäne, auf die *Glomar Challenger* warteten. Wir versuchten, eine Frequenz zu finden, um uns mit ihnen in Verbindung zu setzen. Doch es war unmöglich. Sämtliche Kanäle waren gestört. Die Notfrequenz konnten wir nicht benutzen, war dies doch der einzige Kanal, auf dem man uns selbst erreichen konnte. Wir hörten die Nachricht laut und deutlich, und wir nahmen an, sie kam aus Gibraltar. Sie wird Ihnen wohl bald vorliegen.«

Der Kapitän verschwand wieder, dann kam der Funker herein und brachte den Funkspruch, auf den wir so lange gewartet hatten:

Master clarc wncu empfiehlt Challenger anlaufen Gibraltar oder senden blue fox für Rendezvous.

Der dritte Maat führte uns nach oben, wo der Kapitän wetterte: »Wer diesen Funkspruch gesandt hat, ist entweder der größte Esel oder der größte Egoist. Die wollen, daß der Berg zum Propheten kommt! Was die *Blue Fox* angeht, so halte ich's für unmöglich, daß meine Leute in einem kleinen Boot die ganze Nacht bis Gibraltar gegen einen 30-Knoten-Gegenwind anlenzen, nur um einen Kerl aufzulesen, der schon in Lissabon hätte an Bord kommen sollen!«

Genau in diesem Augenblick wurde das Radio wieder lebendig:

»Radio Gibraltar, Radio Gibraltar ruft WNCU, ruft WNCU. Erbitten Position, Kurs, Geschwindigkeit ...« Schon wieder die Notfrequenz. Der Kapitän stürzte ans Sprechgerät. Wie ein Rasender, doch leider vergeblich, versuchte er, einen Kanal ausfindig zu machen, um unsere Anrufer zu erreichen. Schließlich forderte er sie durch Funkspruch auf, auf die erwünschte Information zu warten, die als gewöhnliches Telegramm übermittelt werden sollte.

Seit wir Lissabon verlassen hatten, waren wir nur wenig ins Bett gekommen, und mir schien, ich hätte in der Nacht zum 19. ein wenig Schlaf verdient, während Ryan Wache hielt. Doch Ryan schien etwas im Gefühl zu haben und hielt mich wach, bis wir kurz nach Mitternacht beim Bohren auf einen harten Widerstand stießen. Der Kernzylinder klemmte. Wir hievten ihn doch noch nach oben und entdeckten: Wir hatten Sandstein angebohrt. Nicht jenen bröckligen Sandstein, den man zwischen den Fingern zerbröseln kann, sondern einen Sandstein von sehr fester Konsistenz.

Roy Anderson, unser bohrtechnischer Leiter, war ermächtigt, die Bohrung zu unterbrechen, wenn auch nur die mindeste Gefahr bestand, daß wir auf Erdöl oder Erdgas stoßen könnten. Er ließ auch den Bohrer sofort anhalten, als wir auf die feste Gesteinsformation trafen. Wir beide wußten nur allzugut, wie groß die Gefahr war, daß hier Öl herausschoß. Wären wir auf eine kleine Gas-Tasche gestoßen, hätte es zu einer Katastrophe kommen können. Angesichts der drohenden Gefahr, unsere Bohrstelle ganz aufgeben zu müssen, schauten wir noch einmal genauestens den seismischen Befund durch und sahen uns nach einer anderen Stelle um, um dort bis zum Untergrund vorzudringen. Selbstverständlich gab es auch noch andere Möglichkeiten, doch sie hätten einen bis zwei Tage Zeitverlust mit sich gebracht, und Zeit war für uns buchstäblich Gold wert.

Bevor wir also beschlossen, den Bohrplatz aufzugeben, schnitt Ryan von dem Sandstein eine dünne Scheibe ab, die ich mir unter dem Mikroskop ansah. Wie es schien, stammte das Gestein aus einer verhärteten Schicht innerhalb einer weichen Formation, nicht aber aus einer harten Formation, die ein Öl- oder Gas-Reservoir überlagern konnte. Anderson gestand uns daher einen Aufschub zu, und wir warteten voller Spannung darauf, was der nächste Kernzylinder heraufbringen würde. Unüberhörbar unsere Seufzer der Erleichterung, als wir im nächsten Kernzylinder weichen, grünen Schlamm entdeckten. So gab Anderson uns wieder grünes Licht. Ryan und ich beschlossen, auf dem Sprunge zu bleiben, falls es zu irgendeiner neuen Krise käme. So verging abermals eine Nacht ohne Schlaf. Mit dem Bohren kamen wir nur langsam voran.

Am frühen Nachmittag des 20. August kam endlich ein Funkspruch von Gilkey durch. Er bestätigte, daß er und Dumitrica in Gibraltar waren. Sie wollten auf einem Patrouillenboot der Royal

Air Force zu uns stoßen. Inzwischen erreichte uns auch noch ein Telegramm, das uns aufforderte, ja auf Position zu bleiben, bis die beiden eingetroffen seien. Der Kapitän sprach über Funktelefon mit Radio Gibraltar und wurde davon in Kenntnis gesetzt, daß die Abfahrt der beiden auf 15 Uhr anberaumt worden sei.

Die Sonne schien, doch es wehte ein scharfer Wind, und das Meer war kabbelig. Wir alle gingen in unsere Kabinen und begannen nach Hause zu schreiben, denn Gilkey konnte ja die Post mit an Land nehmen, nachdem er Dumitrica abgeliefert hatte. Nach Schätzungen unseres Obermaates würden unsere Besucher auf ihrem schnellen Patrouillenboot und bei dem starken Rückenwind in zwei bis drei Stunden bei uns sein. Jedenfalls nahm die Spannung kein Ende. Jeder wußte etwas anderes. Es war die reinste Gerüchteküche. Aus jedem noch so winzigen Blinzeln auf dem Radarschirm machte man das RAF-Patrouillenboot. Fast jedesmal wurde Alarm geschlagen, wenn irgendein Schiff oder Boot uns mit Kurs Ost passierte.

Als gegen 19 Uhr die Dämmerung hereinbrach, sank unsere Hoffnung, daß Gilkey und Dumitrica noch kommen würden. Ich zog mich in die Lounge zurück, um mir ein Tonband mit Beethovens Klavierkonzert Es-Dur anzuhören, und prompt erschien unser Sekretär mit einigen Technikern. Der Art, wie sie scherzten, entnahm ich, daß sie als Unglücksboten gekommen waren.

Kapitän Clarke, Anderson und Ryan waren bereits auf der Brücke, als ich dort erschien. Sie setzten mir auseinander, daß wir Anweisung erhalten hatten, nach Gibraltar zurückzukehren, um Dumitrica aufzunehmen. Ich ging in die Luft. Wir hatten Tag und Nacht gearbeitet, um möglichst effektiv unsere wissenschaftlichen Ziele zu erreichen. Wir hatten mit größter Begeisterung und zugleich größter Behutsamkeit die Bohrstellen ausgewählt. Ständig zerbrachen wir uns den Kopf, um bei den Bohrarbeiten sowie beim Einbringen der Kerne auch die richtigen Entscheidungen zu treffen. Immer und immer wieder mußten wir unsere Kollegen davon überzeugen, wie weise unsere Entscheidungen waren, und mußten ihre Ungeduld zügeln, obwohl sie doch schließlich nur das gleiche wollten wie wir. Die ganze Zeit geizten wir mit Stunden, ja Minuten, um unsere Zeit an Bord möglichst sinnvoll zum Sammeln wissenschaftlicher Informationen zu nutzen. Und da mutete man uns einfach zu, nach Gibraltar zurückzukehren, um irgend jemanden aufzunehmen, von dem wir noch nicht einmal mit Sicherheit wußten, ob seine Anwesenheit an Bord wirklich so dringend nötig war. Schon wenn wir nur zwölf Stunden unserer kostbaren Zeit verloren, kostete dies 10 000 Dollar – zu Hause mein ganzes Jahresbudget für geologische Feldarbeiten.

»Nein,« erklärte ich daher mit Nachdruck, »wir fahren *nicht* zurück!«

Wir versuchten, der Sache nachzugehen, um dahinterzukommen, wie es zu dem Kommando zurück gekommen war. Gilkey besaß nicht genügend Autorität, um uns einfach zurückzupfeifen, allerdings behauptete er, Ken Brunot auf seiner Seite zu haben, der damals DSDP-Manager und somit Andersons Vorgesetzter war. Zwar hatten wir noch keine unmittelbare Anweisung von Brunot, aber es empfahl sich, die erhaltenen Weisungen zu befolgen.

In dieser spannungsgeladenen Atmosphäre schlug Kapitän Clarke einen Kompromiß vor. Auch er hielt es für besser, nicht nach Gibraltar zurückzukehren, sondern unser Treffen mit Dumitrica nach Malta zu verlegen. Ryan und ich stimmten zu, und wir setzten einen der Sache nach festen, im Ton aber diplomatisch-verbindlichen Funkspruch ab:

Dumitricas Hiersein erwünscht, doch nicht dringend erforderlich stop Vorschlagen Verlegung Rendezvous Malta stop

Inzwischen meinte auch Anderson: Wenn wir binnen zwölf Stunden keine Nachricht von Gilkey erhielten und unsere Bohrarbeiten abschlössen, sollten wir anschließend auch einfach weiterfahren – kurzerhand Kurs Ost zur nächsten Bohrstelle.

Gegen 18 Uhr 30 ging ich in meine Kabine, duschte mich, nahm einen Schluck Johnny Walker und kletterte in meine Koje. Kaum hatte ich die Augen geschlossen, als das Licht wieder anging und Ryan mit einer Gesteinsprobe hereinstürzte: »Wir haben das Kristallingestein erreicht!«

Das war eine echte Überraschung. Bis zum Abend zuvor waren wir schnell vorangekommen, dann hatte sich das Tempo verlangsamt. Im Lauf der nächstfolgenden 24 Stunden gab es ein paarmal falschen Alarm. Mehrmals hatten wir den Eindruck, auf etwas Hartes gestoßen zu sein. Doch wenn wir den Zylinder emporhievten, fanden wir nur ein paar Stücke verkrusteten Sandes oder einen zerquetschten Kernzylinder. Das alles entmutigte mich immer mehr. Wir studierten den seismischen Befund und revidierten unsere Schätzungen immer und immer wieder – manchmal zu optimistisch, dann wieder zu pessimistisch. Als ich mich ins Bett legte, hatte ich gehofft, acht Stunden ungestört durchschlafen zu können. Doch gerade in diesem Augenblick mußte der nächste Zylinder – die 23. Kernprobe an dieser Stelle! – Kristallingestein ans Licht bringen.

Ich blickte auf den Gesteinsbrocken, den Ryan schwang, und entschied, es sei Basalt. Ryan sagte, man habe den Bohrmeißel bereits wieder nach unten gelassen, um noch weiter in die Tiefe vorzudringen. Doch könnten wir Bohrer und Kernzylinder wieder nach oben emporholen – dies mehr zur Bestätigung unserer Entdeckungen. Ich entschied mich für die zweite Art des Vorgehens. Also eilte Ryan nach oben, ich aber zog mich an und ging ins Kernlabor.

In Wirklichkeit handelte es sich, wie wir später herausfanden, nicht um Basalt, sondern um ein anderes metamorphes Gestein. Auf jeden Fall hatten wir das Untergrundgestein erreicht. Nach drei Stunden warteten wir, bis der letzte Bohrkern herauf war und die erwartete, endgültige Bestätigung brachte. Ryan lud in einem unsagbaren Hochgefühl ein paar Leute zu einer kleinen »Siegesfeier« in unsere Kabine. Dann legte er sich aufs Ohr. Ich aber war viel zu aufgeregt, um schlafen zu können. Also hinauf auf die Brücke. Dort sprach ich mit dem Funkoffizier über unsere Schwierigkeiten, mit der Außenwelt Kontakt zu halten.

Der Vorhang zum zweiten Akt des Dumitrica-Dramas fiel am Abend des 22., als wir vom Alboran-Becken Abschied nahmen und auf den vor Barcelona gelegenen Valencia-Trog zusteuerten. Der Kapitän überbrachte uns eine Nachricht von Brunot. Wir sollten unverzüglich nach Gibraltar zurück. Zum Glück rettete uns das höchst unzulängliche MERCAST-System davor, diese Anweisung befolgen zu müssen. Sie erreichte uns viel zu spät, um unsere Entscheidungen noch beeinflussen zu können.

6

Alles geht schief

An der Bohrstelle 121 war die »M-Schicht« zwar erreicht worden, doch waren wir alles andere als sicher, in welcher Tiefe wir die Formation durchdrungen hatten. Aus der Tiefe von 700 Metern, wo an sich der M-Reflektor hätte sein sollen, brachten wir Proben einer harten Gesteinsschicht ans Licht. Das betreffende Gestein war sehr feinkörnig, und unsere Sedimentologen waren sich nicht völlig klar darüber, welcher Art es war. Später stellte Nesteroff mit Hilfe des Röntgenstrahl-Refraktionsverfahrens fest, daß es sich um Dolomit, ein Kalzium- und Magnesiumkarbonat, handelte, eine chemische Ablagerung, die sich einst bildete, als das Mittelmeer austrocknete. Damals freilich wußten wir das noch nicht, sondern hofften einzig und allein, an dieser unserer dritten Bohrstelle den Charakter des »M-Reflektors« zu bestimmen.

Bohrstelle 122 lag dann in einer untermeerischen Senke vor der katalonischen Küste – im sogenannten Trog von Valencia (Abb. 2). In dieser Zone unterseeischer Erosion war der »M-Reflektor« nur von einer äußerst dünnen Sedimentschicht bedeckt und daher leicht erreichbar. Wir näherten uns dem Platz in den frühen Morgenstunden des 23. August auf Kurs 62 Grad von Südwesten. Schlaf zu finden war schier unmöglich. So blieb ich wach und schrieb einige Berichte, sah mir dann aber zusammen mit der Mannschaft einen Film an – eine Satire auf James Bond. Gegen 2 Uhr 30 begab ich mich in das Elektroniklabor zu Ryan, als wir unseren Zielpunkt erreichten. Wir hatten uns vorgenommen, auf dem Grunde des untermeerischen Tales zu bohren. Da Pete Garrow den Präzisionstiefenmesser endlich in Ordnung gebracht hatte, erwarteten wir, den Platz ohne Schwierigkeit zu finden.

Als ich hinauf ins Labor ging, schien alles in bester Ordnung zu sein. Wir näherten uns langsam dem Zielpunkt, querten tieferen und weniger tiefen Meeresgrund und orteten den Trog. Und als wir 3 Uhr 46 die vorgesehene Tiefe erreicht hatten, setzten wir eine Boje aus und hofften, ihre Funksignale würden stark genug sein, so daß unsere Radarstation sie empfangen könne. Sie waren es nicht, doch das spielte weiter keine Rolle. Mit unserem Präzisionstiefenmeßgerät konnten wir, nachdem wir umgekehrt waren, leicht »unseren« Trog wiederfinden. Dann zogen die Techniker die Schlepptaue mit den Geräten ein, in einer Rekordzeit von nur zwölf Minuten, wie sie stolz berichteten. Der *sat-fix*-Ortung nach liefen wir – nur ein ganz klein wenig weiter nördlich – auf einem Parallelkurs zu dem Meßprofil des französischen Forschungsschiffes *Charcot*. Und da unsere Bohrstelle auf dem *Charcot*-Profil lag, baten wir den Kapitän, eine 180-Grad-Wendung nach Steuerbord vorzunehmen. So eilten wir nun mit Kurs 239 Grad zu unserem Zielpunkt zurück.

Unsere Blicke wichen dabei nicht von unserem Präzisionsmeßgerät. Je mehr wir uns dem untermeerischen Tal näherten, desto mehr nahm die Wassertiefe zu. Noch acht Minuten, noch sieben, noch sechs, noch fünf . . . Wir wiesen den Kapitän an, die Fahrt zu verlangsamen und sich bereitzuhalten, das Schiff zu stoppen. Doch nun begann die Strömung, ihr Spiel mit uns zu treiben. Als der Befehl »Alle Maschinen stop« gegeben war, merkten wir: Wir trieben südwärts und waren bereits über die Mittellinie des Trogs hinaus. Laut Präzisionstiefenmesser stieg der Meeresgrund wieder an. Wir befanden uns bereits über dem Südwesthange des Trogs. So baten wir den Kapitän, er solle zurücksetzen. Er gab dies an den Maschinenraum weiter. Noch immer stieg der Meeresboden an. Gegen die starke Nordostströmung war rückwärts kein Vorankommen. Nun sollte der Kapitän nochmals wenden und uns wieder auf Kurs 30 Grad bringen. Doch es gab eine Komplikation: Die Steuerung verweigerte kurzfristig ihren Dienst, und als der Schaden wieder behoben war, zeigte der Kreiselkompaß 300 Grad – dies war die Richtung, die der Kapitän für die von uns gewünschte hielt. Wir dagegen meinten, das Steuer sei immer noch blockiert und das Schiff könne nicht auf den erforderlichen Kurs gebracht werden. So kamen wir immer weiter von unserem Ziel ab, und der Meeresboden stieg abermals an. Doch schließlich klärte sich das Mißverständnis auf, und der Kapitän brachte die *Challenger* mit 1 Knoten Fahrt auf Kurs 30 Grad. Aber wir trieben weiter ab. Also drehten wir erneut auf Kurs 60 Grad, was eine Abweichung von 180 Grad vom ursprünglichen Kurs bedeutete. Dennoch stieg der Anzeiger unseres Tiefenmessers. Wir kamen immer weiter ab. Nun gerieten Ryan und ich in Panik. Wir fühlten uns außerstande, die Situation zu meistern. Überall schien der Meeresgrund anzusteigen, gleich, wohin wir uns auch wandten. Bald fanden wir unsere Fassung wieder und entdeckten, wo der Fehler lag. Wir machten nur 1 Knoten Fahrt, die Strömung hatte jedoch eine Geschwindigkeit von mindestens 1,5 Knoten, so daß das Schiff unablässig rückwärts trieb. Also beschlossen wir, den Kurs von 60 Grad beizubehalten, aber die Fahrt auf 2 Knoten zu erhöhen. Mit einem Seufzer der Erleichterung stellten wir fest: Endlich bewegte sich die Nadel unseres Tiefenmessers wieder nach unten. Genau 5 Uhr 40 – mehr als zwei Stunden, nachdem wir die vorgesehene Bohrstelle erstmals gekreuzt hatten – manövrierten wir die *Challenger* schließlich in eine Position unmittelbar über der Mittellinie des Troges.

Nachdem wir die Bake ausgesetzt hatten, legte Ryan sich schlafen. Ich beschloß, bis 8 Uhr wachzubleiben, denn ich hatte mit einem Bekannten in Bern vereinbart, jeden Samstag 20 Uhr (abends) und jeden Sonntag 8 Uhr (früh) mit ihm Funkkontakt aufzunehmen. Diesmal bemühten wir uns vergeblich, und schließlich legte auch ich mich hin. Schon nach drei Stunden stand ich wieder auf. Zum Schlafen war ich viel zu aufgedreht. Mit der Bohrung begannen wir am Nachmittag, und alles ließ sich recht glatt an. Wir durchstießen die weichen oberen Sedimente ungewöhnlich rasch, und alle anderthalb Stunden hatten wir einen neuen Bohrkern an Deck. Eine Weile lief alles außergewöhnlich gut, und ich sagte Ryan, ich wollte jetzt etwas essen und dann ein wenig schlafen. Kurz nach Mitternacht kam Ryan zu mir und schaltete das Licht ein.

»Ken – ich habe ein paar gute und ein paar schlechte Neuigkeiten für dich.«

Da mir immer noch die Dumitrica-Affäre im Kopf herumging, nahm ich an, die schlechte Nachricht habe mit einer erneuten Anweisung zu tun, nach Gibraltar zurückzukehren.

»Okay, schieß los. Was ist schiefgelaufen?«

»Der Kernzylinder sitzt fest, das Bohrgestänge ist verstopft, und die Wasserspülung ist ausgefallen. Wir mußten aus dem Loch heraus!«

Technische Schwierigkeiten dieser Art plagten uns während der gesamten Kampagne. Bisweilen erklärten wir es damit, daß unser Vorhaben das dreizehnte seiner Art war. Doch in Wirklichkeit waren diese Schwierigkeiten einfach unvermeidbar. Unsere technischen Möglichkeiten erlaubten es nicht, dicke sandige oder besonders harte Schichten zu durchteufen. Im Gegensatz zu Bohrvorhaben an Land, wo man den Aushub des Bohrloches auf Bodenniveau emporspült, wird dieser Aushub bei Tiefseebohrungen nur bis zum Meeresgrund emporgefördert. So lange die Bohrung weitergeht und die Zirkulation des Seewassers die Bohröffnung freihält, ist dies kein Problem. Doch sobald man das Bohrgestänge trennt und die Bohrung unterbricht, fallen Sand und Gesteinssplitter aus dem Aushubhaufen wieder in das Bohrloch zurück. Folglich wird der Bohrstrang durch Sand und Splitter abgeklemmt, und der starke Reibungswiderstand blockiert das Bohrgestänge dermaßen, daß es nicht mehr zu rotieren vermag und eine Fortsetzung der Bohrung unmöglich ist. In manchen Fällen dringt der Sand dann sogar in den Kernzylinder und in das Bohrgestänge ein. Dann gelingt es nicht einmal mehr, den Kernzylinder emporzuziehen.

Genau dies war an jenem Abend im Valencia-Trog geschehen. Als wir uns unsere Bohrstelle ausgesucht hatten, verfügten wir noch nicht über genug Erfahrung und wußten noch nicht, wie man in einer untermeerischen Senke die Gefährdung der Arbeit durch Sand vermeiden konnte. Auf jeden Fall wäre es besser gewesen, den Bohrer auf schlammigem Meeresboden anzusetzen, selbst wenn die Schlammschicht um ein Vielfaches dicker gewesen wäre, denn Schlamm läßt sich verhältnismäßig leicht fortspülen.

Der verkeilte Kernzylinder bedeutete einen Verlust von zwölf Stunden Bohrzeit – die Zeit, die wir gebraucht hätten, um Dumitrica aufzulesen.

»Gibt es noch etwas für mich zu tun?«, fragte ich.

»Nein, sie ziehen gerade das Bohrgestänge hoch!«

»Und was ist die gute Nachricht?«

»Wir fanden Gips im unteren Pliozän!«

Die früheren seismischen Untersuchungen hatten die Vermutung nahegelegt, daß unter dem Mittelmeerboden eine Salzschicht lag. Einen direkten Beweis dafür gab es freilich nicht. Auch das Alter dieser Salzschicht war, wie bereits gesagt, umstritten. Ein französischer Geologieprofessor, Mitglied der Französischen Akademie der Wissenschaften und Lehrer zweier französischer Geowissenschaftler bei uns an Bord, behauptete, dieses Salz sei triassischen Ursprungs und damit 200 Millionen Jahre alt. Ein paar aufsässige Jüngere dagegen wiesen es dem späten Miozän zu. Demnach müßte es nur fünf bis sechs Millionen Jahre alt sein. An der Bohrstelle 122 fanden wir kein Salz, sondern nur Gips. Gips ist ein Evaporit, und zwar Kalziumsulfat ($CaSO_4 \cdot 2H_2O$). Er muß ausgefällt worden sein, als das Meerwasser durch Verdunstung zu einer konzentrierten Salzlake wurde. Halit ($NaCl$) oder Steinsalz wäre erst ausgefällt worden, wenn die Konzentration des Meerwassers noch weiter fortgeschritten wäre. Die Entdeckung von Gips, der sich dem frühen Pliozän oder späten Miozän zuordnen ließ, war daher der erste konkrete Beweis für eine starke Übersalzung des Mittelmeeres, den wir fanden.

Ich zog mich an und ging zum Kernlabor. Draußen wurde gerade die Zugleine angezogen. Ryan und ich sahen uns die fünf Gramm Rückstände an, die wir dem letzten Kern entnommen hatten. Tatsächlich: Zwischen schwarzen Brocken vulkanischen Gesteins schimmerten Gipskristalle. Ryan hatte sie für Bruchstücke aus einer Evaporitschicht gehalten. Ich war jedoch enttäuscht, als ich bemerkte, daß der Gips ganz und gar so aussah, als ob es sich um ein Erosionsprodukt handelte. Die Kristalle waren von gleichem Format und annähernd gleicher Größe wie das körnige vulkanische Material, das sich als Andesit erwies. Da es sich bei diesem Andesit zweifellos um Geröllschutt handelte, war es schwierig, irgend jemand davon zu überzeugen, die Gipsstücke seien kein Schutt. Ryan wußte, daß es ganz in der Nähe, an der spanischen Küste, Gipsvorkommen gab. Daher war es nur allzu wahrscheinlich, daß diese Gipsfragmente von der Costa Blanca stammten. Nach und nach flaute unsere Erregung ab, und Enttäuschung machte sich breit. Vielleicht hatten wir gar nichts gefunden, was des Aufhebens wert war. Nur ein wenig kiesigen Sand aus Gips und vulkanischen Bestandteilen – Gesteinstrümmer, die in diese tiefe Senke des Meeresbodens gespült worden waren. Mit dem Gefühl tiefer Entmutigung zogen wir uns in unsere Kabinen zurück, hinterließen jedoch, man solle uns sofort rufen, wenn der Kernzylinder an Deck gezogen war.

Nach ein paar Stunden weckte mich Roy Anderson. Ich begab mich auf das Oberdeck und fand hier die Bohrmannschaft noch immer damit beschäftigt, den verklemmten Zylinder aus dem

Bohrgestänge zu ziehen. Dabei kam es vor allem darauf an, den Sand auszuspülen. Nachdem wir eine halbe Stunde diesem Treiben zugesehen hatten, betrat ich das Kernlabor, wo es vielleicht Nützlicheres zu tun gab. Dort traf ich Anderson. Er war pessimistisch. Da wir uns erneut festfressen konnten, wenn wir abermals in dasselbe Bohrloch einzudringen versuchten, schlug er vor, ganz in der Nähe ein neues Loch zu bohren.

Also suchten wir uns eine neue Stelle aus und legten die Koordinaten fest. Ich ging zur Brücke und sprach mit dem wachhabenden Dritten. Da wir wieder eine Bohrstelle anzulaufen hatten, wurde der Kapitän geweckt. Binnen kurzem war das Bohrgestänge auseinandergenommen und gesichert, und am 24. August morgens 6 Uhr 22 begannen wir die Fahrt zur Bohrstelle 123. Diese plötzliche Änderung unserer Pläne verursachte neue Verwirrung. Der wachhabende Techniker erhielt Anweisung, eine neue Boje fertigzumachen. Außerdem mußte er auf das *sat-nav*-Gerät achten, um die neueste Satelliten-Standortbestimmung zu bekommen. Wir hielten auf die nächste Bohrstelle zu, und als sich der Kapitän nach den jüngsten *sat-nav*-Ergebnissen erkundigte, speiste man ihn damit ab, daß es keine gebe. Ryan war auf achtzig. Er stürzte in das Wissenschaftsbüro, wo sich das *sat-nav*-Gerät befand, und machte Jones, den Techniker, der dort arbeitete, fix und fertig.

Dabei war Jones einer der liebenswürdigsten und hilfsbereitesten Assistenten. Er und ich hatten während der *Leg-3*-Kampagne im Südatlantik zusammengearbeitet, und ich hatte damals seine Bedachtsamkeit schätzen gelernt. An jenem Morgen allerdings, als alles holterdiepolter ging, hatte er alleine Wache geschoben. Der Laborwachhabende, der als sein Vorgesetzter in solchen Fällen auf dem Posten hätte sein müssen, hütete seit zwei Tagen wegen einer Erkältung das Bett. Also sah sich Jones zwei gleichermaßen dringlichen Aufgaben gegenüber. Zuerst hatte er geglaubt, das Schiff mache noch ungleichmäßig Fahrt, wodurch es unmöglich ist, eine verläßliche *sat-fix*-Position zu bekommen. Also beschloß er, die Boje anzustreichen. Dabei hatten wir immer und immer wieder Anweisung gegeben, nie eine *sat-fix*-Position auszulassen, wenn wir uns einer Bohrstelle näherten. Er hatte also im besten Glauben und in bester Absicht gehandelt und sich lediglich geirrt. Als Ryan zu ihm hinabstieg, war es schon zu spät. Wir hatten die Chance vertan, eine Satellitenposition zu erhalten.

Dennoch mußten wir unseren Berechnungen zufolge die vorgesehene Stelle in wenigen Minuten überqueren, weshalb nun wiederum die Boje bald geworfen werden mußte. Jones aber, dem Ryan gerade wegen der verpaßten letzten Satellitenposition die Hölle heiß gemacht hatte, entschloß sich, auf die nächste zu warten, was wiederum eine weitere Stunde dauern konnte. Als der Kapitän das Kommando gab: »Boje frei,« war also niemand da, um es auszuführen. Wutschnaubend rannte Ryan selbst zum Schiffsheck und stieß die Boje von Bord. Als er zurückkam, erschrak ich, denn an seinen Händen klebte »Blut«. Doch zum Glück war es nur frische Farbe. Jones war gerade erst damit fertig geworden, die Markierungsfarbe aufzutragen.

Wir verlangsamten unsere Fahrt und kehrten zu der mit der Boje markierten Stelle zurück. Die neue Bohrstelle lag ebenso wie die frühere in einer untermeerischen Senke, diese Senke war aber nicht so tief wie der Valencia-Trog. Außerdem wollten wir das Loch an der Schulter des Südwesthanges einteufen und hofften, auf diese Weise dem Sand zu entgehen, der sich am Boden der Senke angesammelt haben mußte. Endlich dämmerte es, und wir begannen den neuen Tag an der neuen Bohrstelle.

7

Eine ungewöhnliche Kiesschicht

Am Morgen des 24. August fühlten sich Ryan und ich todmüde. Die Mannschaft ließ das Bohrgestänge hinab, und es gab für uns nichts zu tun. Wir hätten zu Bett gehen sollen, doch waren wir viel zu nervös und niedergeschlagen. Mehr als zehn Tage waren vergangen, und die Betriebskosten für das Schiff allein beliefen sich bereits auf eine Viertelmillion Dollar. Und wir hatten noch nicht einmal das Geheimnis des »M-Reflektors« gelüftet. Also blieben wir im Kernlabor und schwiegen uns aus. Ryan wusch mechanisch erbsenförmige Kiesstücke aus dem Sand, von dem in der Nacht zuvor ein ganzer Eimer emporgeholt worden war. Ich dagegen saß auf einem Hocker und sah ihm zu. Während es langsam heller wurde und Ryans Gesteinssammlung wuchs, wuchs auch meine Verblüffung über das, was ich da vor mir sah. Denn es gab keinerlei Hinweis darauf, daß der Kies, den wir hier vor uns hatten, vom benachbarten Festland stammte. Keine Unterwasserlawine konnte diese Kiese von der nahen spanischen Küste herangeführt haben. Was also hatte es mit diesem ungewöhnlichen Kies auf sich?

Gegen Abend des 24. wurde der Bohrmeißel eingebracht, der das letzte Bohrloch geteuft hatte. Er war dabei der harten Schicht des »M-Reflektors« sehr nahe gekommen. In seinen Zähnen hatten sich feine Ansammlungen abgelagerten Gipses verfangen. Dies war der Beweis, daß die mit dem vulkanischen Kies vermischten Gipsstücke Erosionsprodukte waren und aus einer älteren Gipsschicht stammten – dem anorganischen Rückstand verdunsteter Salzlake. Alte Evaporite sind in der Regel steinhart, daher können sie akustische Signale reflektieren. So waren wir erstmals der Lösung aller unserer Rätsel ein gutes Stück nähergekommen: Bei

dem »M-Reflektor« bzw. jener harten Schicht unter dem Mittelmeer handelte es sich um eine Evaporitschicht aus dem Miozän.
Unser Bohrschiff lag über einem im Meer begrabenen unterseeischen Berg (Abb. 2). Den seismischen Befunden zufolge gab es
hier keine »M-Schicht«. Wir beabsichtigten daher, die dünne Sedimentschicht zu durchteufen, die hier vorhanden war, um bis
zum kristallinen Grundgestein unter ihr vorzudringen. Unser erster Bohrkern, den wir zutage förderten, enthielt eiszeitliche Ablagerungen und erbrachte nichts sonderlich Aufregendes. Doch als
der Bohrmeißel den zweiten Kern aus dem Meeresboden schnitt,
stellten wir fest, daß das Bohrungstempo spürbar zunahm. Und als
wir den Kernzylinder emporzogen, fanden wir wiederum nur
sandigen Kies. Zwar überraschte uns dieses Kiesvorkommen nicht
allzusehr, da wir ja am Rande eines untermeerischen Tales bohrten. Wir waren sicher, daß diese Kiese nicht die »M-Schicht« bildeten, die hier vielmehr fehlen mußte. Dennoch war Roy Anderson nach den schlechten Erfahrungen der letzten Nacht ziemlich
nervös. Ihm schwebten Schreckensvisionen vor – Schreckensvisionen von abermals im Kies steckengebliebenen Bohrmeißeln
und dem Verlust ganzer Bohrgestänge.
Ich war dafür, das Risiko einzugehen, denn weder unseren eigenen seismischen Befunden noch denen des französischen Forschungsschiffes *Charcot* nach gab es hier einen reflektierenden
Horizont, der die Oberfläche einer dicken Kiesschicht sein konnte. Ryan dagegen schlug sich auf Andersons Seite. Auch er hatte
Angst, das Bohrgestänge zu verlieren. Als wir an diesem toten
Punkt angelangt waren, rückte der Kapitän mit einem Vorschlag
heraus. Theoretisch war es zwar nicht seine Aufgabe, sich über die
technischen Details der Bohrarbeiten den Kopf zu zerbrechen,
doch gleichviel – er äußerte die Ansicht, kalkulierte Risiken seien
gerechtfertigt. Wenn die Information, die wir zu erlangen hofften,
nur wichtig genug sei, sollten wir weitermachen. Ja mehr noch:
Selbst wenn wir erneut steckenblieben, konnten wir vom Bohrloch freikommen, ohne mehr als den untersten Teil des Bohrgestänges zurücklassen zu müssen. Der mehr als zwei Kilometer lange Rest des Bohrgestänges könne ja schließlich geborgen werden.
Man hätte dann 20 000 Dollar verloren, aber schon die Tagesko-
sten für das Schiff seien höher. Und schließlich – so immer noch
der Kapitän – seien wir ja hierher gekommen, um wissenschaftliche Forschungsarbeit zu leisten, nicht um einen Rekord aufzustel-

len, wie wenig an Ausrüstung bei derartigen Unternehmungen verlorenginge. Dieser Zuspruch gab uns wieder Mut. Als wir fragten, wie es denn um die Ausrüstungsverluste bei anderen Kampagnen des Tiefseebohrprojektes stünde, antwortete der Kapitän: »O, die unteren Teile des Bohrgestänges gingen immer wieder verloren. Bei *Leg 6* war dies neunmal der Fall.«

Ryan und ich sprachen die Sache noch einmal durch. Er war nunmehr überzeugt, es sei *nicht* wahrscheinlich, daß wir noch einmal in dieselbe Lage gerieten wie gestern. Es hieße ganz einfach Zeit zu vergeuden, wenn wir weiter herumsuchten, um eine neue, geeignetere Bohrstelle zu finden. Entweder sollten wir hier die Gelegenheit beim Schopfe ergreifen oder ganz aufhören, um uns an einer völlig neuen Bohrstelle völlig neuen Forschungszielen zu widmen. Auch Anderson ließ sich schließlich erweichen. Zumindest wollte er noch den nächsten Bohrkern abwarten. Wenn dieser darauf hindeutete, daß wir es nicht mit einer massiven Kiesschicht zu tun hatten, würde er uns weiter gewähren lassen.

Genau in diesem Augenblick sagte man über die Bordsprechanlage an, der dritte Bohrkern sei emporgekommen. Anderson stürzte zum Bohrturm. Ryan und ich folgten und fragten uns innerlich, ob wir aufgeben sollten, falls abermals nur Kies heraufgebracht worden sei. Bisher hatte uns die Sache einen vollen Tag unserer kostbaren Zeit gekostet, und noch immer hatten wir nichts gefunden. Wenn wir jetzt aufgaben, bedeutete dies einen Verlust von netto 25 000 Dollar. Bohrten wir aber weiter, so bestand die Möglichkeit, daß wir bald auf eine neue Formation stießen. Die Chance, Ausrüstung im Werte von 20 000 Dollar zu verlieren, betrug weniger als 50 Prozent, und deshalb beschlossen wir endlich, das Risiko einzugehen. Doch war da noch immer die schwierige Aufgabe, Anderson zu überzeugen ...

Glücklicherweise blieb uns dies jedoch erspart, denn der dritte Kernzylinder enthielt ausschließlich Schlamm, und nun war auch Anderson der Meinung, das Risiko, weiterzubohren, sei gerechtfertigt. So konnten wir unsere Arbeit fortsetzen und unsere Bohrung retten.

Die Arbeiter vom Bohrturm brachten den Schlamm vom Oberdeck hinab ins Kernlabor, wo er untersucht wurde. Kein Schlamm der Welt hat je Ryan und mich dermaßen in Begeisterung versetzt. Die Sedimentologen, denen die Bedeutung des Augenblickes gar nicht bewußt war, rissen Witze über die Möglichkeit, eine Ölquelle entdeckt zu haben. Doch uns beiden war gerade in diesem Augenblick ganz und gar nicht nach Witzen zumute. Außerdem konnte es ja sein, daß Anderson das Geschwätz ernst nahm. Inzwischen tönte Maria Citas Stimme durch den Bordlautsprecher: Der Schlamm sei pliozänen Ursprungs. Nun wußten wir: Wir bohrten nicht mehr in eiszeitlichen Ablagerungen, die gewöhnlich Kies enthalten. Nachdem ich dies Anderson mitgeteilt hatte, um ihn endgültig zu besänftigen, beschloß ich, mir etwas Schlaf zu gönnen.

Nach ein paar Stunden weckte mich Radiogetön. Den ganzen Tag hatte der Kapitän immer wieder mit dem *Global Marine*-Agenten in Spanien Funksprüche ausgetauscht. Dumitrica sollte um 20 Uhr bei uns eintreffen, dann um 22 Uhr und schließlich um 0 Uhr 30. Aber woher kam er? Aus Barcelona? Aus Las Palmas? Niemand schien es genau zu wissen. Diesmal wollte ich nicht aufstehen. Ich fragte mich schon, ob es Dumitrica überhaupt gab. Gegen 22 Uhr 15 drangen aus Karl Wells Kabine, die unmittelbar an die meine grenzte, Fetzen eines erregten und offenbar dringlichen Gesprächs. In der Annahme, Dumitrica sei endlich angekommen, zog ich mich schließlich doch an und ging auf die Brücke. Dort hatten sich bereits andere versammelt, die auf Dumitrica warteten. Abermals sprach der Kapitän ins Radio-Telefon: *WNCB, WNCB . . . Whisky Night Charlie Bravo. Whisky Night Charlie Bravo ruft . . .*«
Die Antwort, die er erhielt, war verstümmelt. Auf dem Radarschirm zeichneten sich ein paar Signale ab. Sie zeigten Kurs 90 Grad. Doch der Kapitän stürzte in den Kartenraum und schrie außer Atem, das Fahrzeug, das Dumitrica an Bord habe, befände sich irgendwo westlich von uns auf Kurs 275 Grad. Er machte uns klar, wie aussichtslos es sei, ein kleines, 65 Meter langes, hölzernes Seefahrzeug mit Radar finden zu wollen. Viel wahrscheinlicher sei es, daß man uns von dem Schiff aus ortete, als daß wir es ausmachten. Dann wies er einen Seemann an, dem sich nähernden Boot Lichtsignale zu geben.
Inzwischen zeigte mir ein Blick auf das Oberdeck, daß schon wieder ein Bohrkern eingebracht wurde. Also eilte ich in das Kernlabor, wo man die rund 4,5 Meter zähen Tones bereits in Empfang nahm, aus denen diese Kernprobe bestand. Unser Pokerspiel hatte sich gelohnt. Wir hatten endlich festen Boden unter den Füßen.

Ryan hielt wieder auf dem Oberdeck Wache, während ich mich zur Brücke zurückbegab. Noch immer war nicht die geringste Andeutung eines Bootes zu sehen, dabei hätte das Fahrzeug mit Dumitrica schon seit einer Stunde da sein sollen, wenn es nicht Richtung und/oder Geschwindigkeit geändert hatte. Ich war ein wenig in Sorge. Der Kapitän freilich lachte, und ich geriet an Bord in den Ruf eines »Pessimisten vom Dienst«.

Nach Mitternacht förderten wir einen neuen Bohrkern. Als ich zur Brücke zurückkehrte, sagte man mir, das Boot sei in Sicht, Ich trat hinaus, und tatsächlich sah ich fern am Horizont ein winziges Licht, als ob ein Stern dort auf dem Wasser triebe. Das also war das Schiff, das Dumitrica bringen sollte! Nun konnte man seine Annäherung auch auf dem Radarschirm verfolgen: vier Seemeilen, drei Seemeilen, zwei . . . ich holte meinen Feldstecher. Bald schon konnte ich Bob Gilkey erkennen. An seiner Seite stand ein dunkelhaariger junger Mann. Sie befanden sich an Bord eines spanischen Fischerbootes, das bei der *Challenger* längsseits ging. Zuerst wurden die Aktentaschen und Koffer der beiden Passagiere an Bord gehievt, dann warf der Kapitän Dumitrica eine Schwimmweste zu. Dumitrica allerdings weigerte sich, sie anzulegen, und auch Gilkeys Überredungskunst fruchtete bei ihm nicht. Wir halfen beiden, an Bord zu kommen. Endlich hatten wir Dumitrica.
Die beiden Neuankömmlinge wurden in die Schiffsmesse geführt, wo Gilkey von einer wahren Odyssee berichtete. Er war Dumitrica von Paris über London bis nach Tanger nachgejagt, bis er ihn als »unerwünschte Person« in der Obhut der Gattin des amerikanischen Militärattachés vorfand. Dies war zwölf Stunden, bevor wir Gibraltar passierten, doch leider bestand damals kein Funkkontakt mit uns. Auf dem Höhepunkt seiner Enttäuschung schickte Gilkey uns das Telegramm, das uns zur Rückkehr aufforderte. Schließlich verschafften sich Gilkey und Dumitrica spanische Visa, flogen nach Tanger, von dort nach Barcelona, fuhren zu einem nahen Fischerdorf und kämpften sich auf einem Boot der dortigen Fischer zu guter Letzt 13 Stunden bis zur *Challenger* durch.
Das ganze Durcheinander begann mit einem harmlosen Versehen einer Pariser Telegrafistin. Als Dumitrica sich an das Scripps-Institut um Hilfe wandte, hatte er seine Pariser Anschrift angegeben. Doch aus irgendeinem Grunde unterließ es das »Fräulein vom

Amt«, diese Anschrift mit durchzugeben. Als Dumitrica infolgedessen eine Woche lang in Paris vergeblich auf Antwort gewartet hatte, kehrte er nach Rumänien zurück und rief Peterson im Scripps-Institut an. Dieser wiederum verständigte Gilkey in Lissabon. Nun sollten Dumitrica und Gilkey auf dem Pariser Flughafen Le Bourget zusammentreffen, doch Gilkeys Flug aus Lissabon hatte Verspätung, und der Verkehr zwischen Orly und Le Bourget hatte weitere Verzögerungen zur Folge. So saß Dumitrica schon in der Maschine nach London, als Gilkey noch immer versuchte, seiner auf dem Flughafen Le Bourget habhaft zu werden. Und als schließlich Gilkey nach London kam, war Dumitrica auch dort schon wieder weitergeflogen. Dank der Gefälligkeit der britischen Regierung – insbesondere von Scotland Yard – erfuhr Gilkey, Dumitrica sei nach Tanger und Gibraltar geflogen. Zwar bekam Gilkey für den nächsten Flug keine Reservierung mehr, doch gelang es ihm, als Wartelisten-Passagier mitgenommen zu werden. In Gibraltar angekommen, erhielt er die Aufforderung, Mrs. Sapp anzurufen, die inzwischen Dumitrica unter ihre Fittiche genommen hatte.

Während Gilkey noch erzählte, wurde abermals ein Bohrkern an Bord gebracht. Er enthielt diesmal grünliches Material vulkanischen Ursprungs. Wie es schien, waren wir auf eine Schicht vulkanischer Asche gestoßen. Zwischen jüngeren Sedimenten des Mittelmeerraumes finden sich derartige Ablagerungen oft.

Ryan und ich, beide nahmen wir diese Entdeckung mit außerordentlicher Erregung zur Kenntnis. Dennoch gelang es mir, Ryan schon bald zu überreden, sich hinzulegen, während ich selbst »in Schale« blieb. Ryan war froh, daß er gehen konnte. War er doch während der letzten Stunden nicht aus der Aufregung herausgekommen! Die Art und Weise, wie der Bohrer sich in die Tiefe fraß, ließ im ständig Angstschauer über den Rücken laufen. Befürchtete er doch, der Bohrmeißel könne sich erneut festfressen!

Nachdem Ryan zu Bett gegangen war, begab ich mich zum Rüstdeck und ordnete an, nach weiteren 30 Tiefenmetern abermals eine Kernprobe zu entnehmen. Es dauerte nicht lange, und der Kernzylinder war wieder an Deck – doch welch ein böses Omen: Er war leer! Mein Herz stand still, als eines der »Rauhbeine« in den Zylinder blickte und nur bestätigen konnte: Der Zylinder war tatsächlich leer. Also war alles genau so wie in der vergangenen

Nacht. Als ich mich zur Bohrhütte begab, fand ich dort meine schlimmsten Befürchtungen bestätigt. Das Gestänge saß fest. Normalerweise wiegt der Bohrstrang etwa 12 500 Kilo. Wir erhöhten den Druck auf 20 000 Kilo. Doch das Gestänge bog sich unter diesem Überdruck nur durch, und der Bohrmeißel rührte sich nicht von der Stelle. Wir füllten Schlamm ein, um den Druck des Spülwassers zu verstärken – ebenfalls ohne den geringsten Erfolg. Ich war müde und mutlos. Gegen 5 Uhr 30 sagte ich mir: Nichts wurde dadurch besser, daß ich wachblieb. Wir mußten das Endstück des Bohrgestänges wohl oder übel absprengen. Also legte ich mich hin und hatte nur noch den einen Wunsch, von Quälgeistern verschont zu bleiben.

8

Es geht weiter

Am Morgen des 25. August 1970 gegen sechs Uhr, eine halbe Stunde, nachdem ich mich hingelegt hatte, kam Roy Anderson in unsere Kabine, um uns mitzuteilen, das Gestänge säße noch immer fest, und auch das Pumpen mit Schlamm habe nicht geholfen. Man werde es noch eine Weile versuchen, dann bliebe aber nichts mehr übrig, als zu sprengen. Dies kam für mich keineswegs überraschend. Obwohl der Verlust von Ausrüstungsgegenständen ein Teil des Spiels war, auf das wir uns eingelassen hatten, haßte ich die Vorstellung, einfach 20 000 Dollar zu verlieren, ohne dafür etwas Nennenswertes vorweisen zu können.

Gegen neun Uhr, erst halb wach, dämmerte es mir: Unsere Entdeckung der vulkanischen Aschenschicht könnte ein Fund von ganz außerordentlicher Tragweite sein. Daher beschloß ich, noch einmal die Luftkanone einzusetzen und über dem Bohrstellengebiet zu kreuzen, um einen möglichst umfassenden seismischen Befund zu erheben, bevor wir weiterfuhren. Es konnte ja sehr gut sein, daß sich die Aschenschicht, die sich als Wurzel all der Übel erwiesen hatte, welche uns zu schaffen machten, quer durch das gesamte Balearen-Becken nachweisen ließ. Ich versuchte, Ryan zu wecken, doch er war zu schläfrig, um einen Entschluß fassen zu können. So stand ich allein auf und wies sowohl die Brücke als auch die Techniker an, die Forschungsgeräte zur Erhebung seismischer Profile einsatzbereit zu machen. Dann ging ich zum Rüstdeck, wo ich sah, daß die Mannschaft gerade die Sprengladungen in die Tiefe hinabließ. Mit beklommenen Herzen kehrte ich in meine Kabine zurück. Trost bot einzig und allein der Gedanke, daß nichts und niemand mich mehr daran hindern könne, endlich einmal acht Stunden durchzuschlafen. Doch um elf kam Nesteroff mit der freudigen Nachricht, sie hätten es geschafft, das Bohrgestänge freizubekommen. So standen wir abermals vor der Entscheidung: Sollten wir zu bohren aufhören oder weitermachen?

Wie es schien, hatte der Elektroingenieur des Schiffes gerade die Sprengladung zünden wollen, als es glückte, das Bohrgestänge freizubekommen. Daraufhin begannen die Arbeiter, das Gestänge auseinanderzunehmen, doch dann ging Wells zu Nesteroff und sagte ihm, er solle dies mit uns abklären. Ryan und ich liefen sofort zur Bohrhütte, um mit Travis Rayborn, der die Bohrarbeiten beaufsichtigte, und auch mit Anderson die Lage zu besprechen. Nachdem wir schon einen vollen Tag an dieser Bohrstelle zugebracht und nunmehr abermals eine Chance erhalten hatten, beschlossen wir, unserem Glück nachzuhelfen und weiterzubohren – oder, wie Anderson es nannte, »uns zu ruinieren«.

Noch einmal drangen wir 100 Meter weiter in die Tiefe und zogen einen Kern empor. Abermals fanden wir grüne Vulkanasche. Uns wurde klar, daß es sich bei dieser Asche keineswegs nur um eine Zwischenschicht in einer größeren Abfolge von Sedimenten handelte. Vielmehr hatten wir es mit einer mächtigen Ablagerung an der Flanke eines erloschenen alten Vulkans zu tun. Als wir an diese Asche gerieten, hatten wir in Wirklichkeit die Sedimentschichten bereits durchstoßen. Nun waren wir schon mehr als 150 Meter tief in das vulkanische Auswurfmaterial eingedrungen, und es wäre uns sehr recht gewesen, in noch größerer Tiefe Gesteine aus massiven Lavaflüssen zu finden. Andererseits war es denkbar, daß wir unserem Glück allzusehr nachhalfen und dabei abermals mit unserem Bohrgestänge steckenblieben. So beschlossen wir voller Bedauern, das Gestänge aus dem Bohrloch zu ziehen und das Loch mit Zement zu verschließen.

Abermals blieb uns unser unglaubliches Glück treu. Statt einen Fehlschlag zu erleiden, hatten wir einen Riesenerfolg, denn gerade jetzt stießen wir auf das Gestein unter der Aschenschicht und sammelten genug Proben, um unseren Kollegen an Land die Möglichkeit zu geben, sein Alter zu bestimmen. Sie kamen zu dem Ergebnis, die Asche und der vulkanische Fels unter ihr seien etwa 20 Millionen Jahre alt. Damals gab es hier eine Kette von submarinen Vulkanen, deren Asche sich zu mächtigen Schichten auftürmte. Später lagerten sich die Skelette winziger umhertreibender Lebewesen, des Planktons, ab und bildeten den Globigerinenschlamm. Schließlich trocknete das Mittelmeer aus, und überall auf seinem Boden entstanden Schichten von Verdunstungsgestein. Bäche entwässerten die erst jüngst zuvor aufgetauchten Vulkane. Sie führten Kies und Sand mit und bildeten jene Kiesbänke, die wir an der Bohrstelle zuvor angetroffen hatten. Schließlich, anfang des Pliozäns – also vor fünf Millionen Jahren –, öffnete sich die Straße von Gibraltar, und das Meer kam wieder. Abermals begann die Ablagerung von Tiefseeschlämmen in den wieder Wasser führenden Becken des westlichen und östlichen Mittelmeeres.

Später fragte ich Rayborn, wie er es geschafft habe, das Bohrgestänge freizubekommen. Es sei fast ein Wunder gewesen, erwiderte er. In all den vielen Jahren, in denen er Berufserfahrungen gesammelt habe, habe er noch nie etwas derartiges erlebt. Die Dynamitladungen seien hinabgelassen worden. Wells habe am anderen Ende der Zündleitung nur darauf gewartet, auf den Knopf drücken zu können. Der letzte Schritt sei gewesen, dem Bohrgestänge mehr Spannung zu geben. So sei das Gestänge angezogen worden und der Druck vergrößerte sich von 12 500 auf 20 000 Kilogramm. Doch gerade, als er die Explosion auslösen wollte, sah er: Die Nadel des Druckmessers bewegte sich abwärts. Und sie fiel und fiel, bis das Gerät das Normalgewicht des Gestänges anzeigte. Da wurde ihm klar, daß das Gestänge sich von selbst befreit hatte. In höchster Erregung signalisierte er der Sprengmannschaft, alle Sprengvorbereitungen sofort einzustellen. Dabei schaffte er es kaum, sich verständlich zu machen, noch bevor Wells auf den Knopf drückte. Als ich ihn fragte, wie der Bohrstrang es wohl fertiggebracht habe, wieder freizukommen, erwiderte er mit seinem grantigen Humor und in echter Rauhbeinsprache: »Als wir das Dynamit 'runterschickten, hat ihm das Pfeffer in den Arsch gemacht. Deshalb wollte er, verdammtnochmal, nichts wie raus aus diesem verfluchten Loch!«

9

Ende gut, alles gut

Am 26. August 1970 begaben wir uns zu unserer nächsten Bohrstelle. Sie lag südlich von Mallorca im Balearen-Becken (Abb. 2). Unser Ziel war es, durch Entnahme von Gesteinsproben aus dem Felsuntergrund das Alter dieses Beckens zu bestimmen. Dabei gingen wir von zwei Theorien über den Ursprung des westlichen Mittelmeerbeckens aus. Ich erwähnte bereits die These von Emil Argand, der 1922 die Ansicht vertreten hatte, Korsika und Sardinien seien ursprünglich Teile des südfranzösischen und spanischen Festlandes gewesen (Abb. 30). Nach seiner Auffassung drifteten diese Inseln vor vielen Jahrmillionen an ihre derzeitige Position. Dabei hinterließen sie eine tiefe Grube, die sich teilweise mit Magma aus dem Erdinneren füllte. Diese Grube ist, so Argand, das heutige Balearen-Becken. Nach einer anderen Theorie sank aus noch unbekannten Gründen ein Teil des Festlandes zwischen den Balearen und Korsika/Sardinien bis zur Tiefe des heutigen Meeresbodens ab, so daß das Balearen-Meer entstehen konnte. Belegmaterial, das an Land gefunden wurde, sprach zwar eher für Argands Hypothese, doch dieses Material war nicht hundertprozentig aussagekräftig. Wir hofften dieses Rätsel zu lösen, sofern es uns glückte, ein Stück des harten Untergrundgesteins zu bergen, der unter den weicheren Sedimenten des Meeresbodens liegt. Wir wollten genau über einem Punkt Position beziehen, wo die Sedimente über dem Untergrundgestein vergleichsweise dünn waren, so daß wir durch die Sedimente leicht zum Kristallingestein darunter vordringen könnten. Wir hatten eine derartige Stelle südlich der Balearen ausgewählt, die im Frühjahr vor unserer Kampagne von dem französischen Forschungsschiff *Charcot* untersucht worden war.

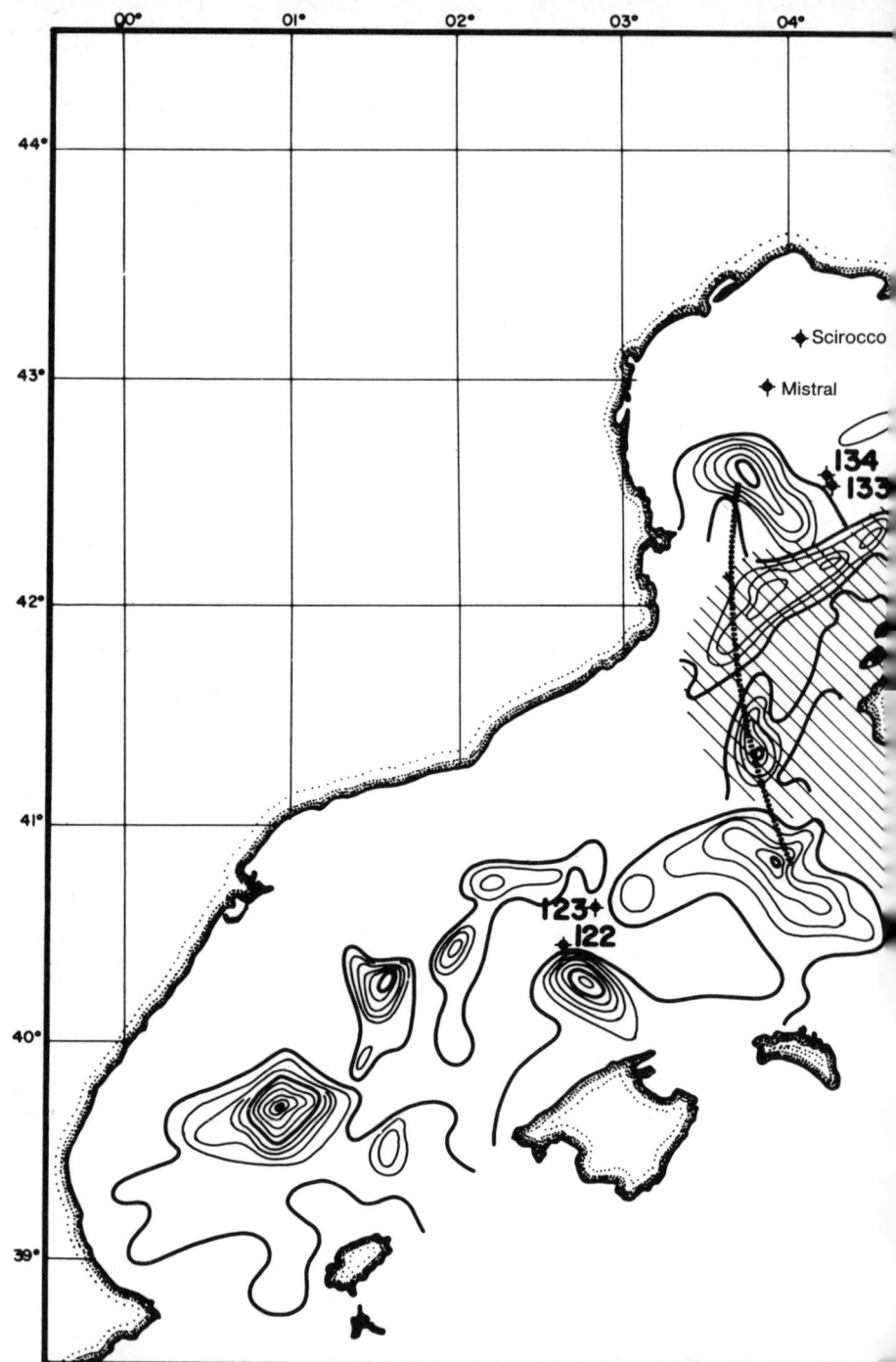

30 So drifteten Sardinien und Korsika im Gegenuhrzeigersinn an ihre heutige Position. Die Höhenlinien zeigen die Intensität der magneti-

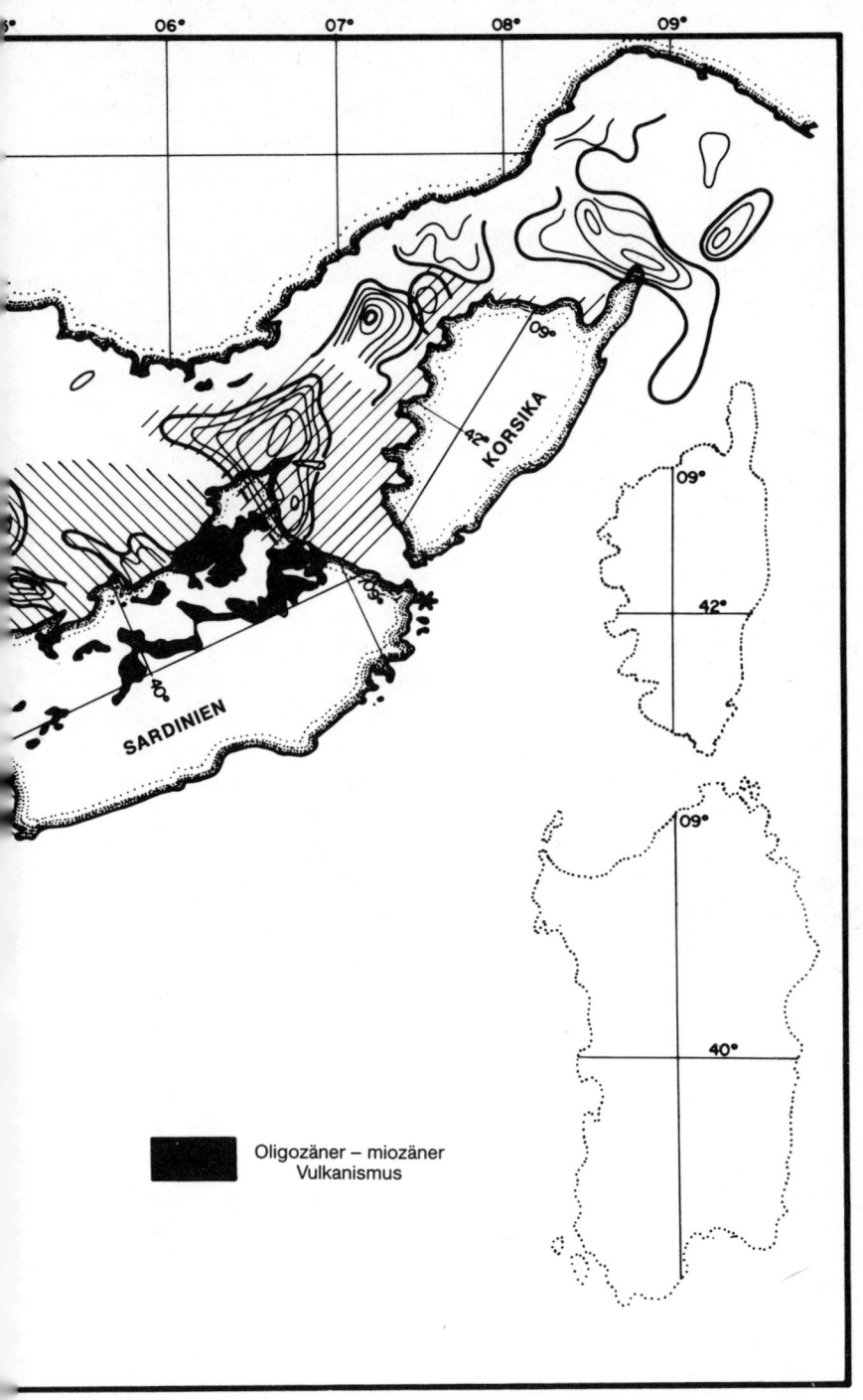

schen Anomalien unterirdischer Vulkane, die unter weichen Sedimenten begraben sind.

Von Nordwesten her liefen wir auf unseren Zielpunkt zu und stellten den ganzen Morgen hindurch fest, daß Wind und Wasserströmung uns immer wieder nach Westen abzutreiben drohten. Daher planten wir, einen Punkt genau im Osten der ins Auge gefaßten Stelle anzulaufen, dann scharf auf Westkurs zu gehen, den Zielpunkt zu passieren, dabei den Signalsender abzuwerfen, der die richtige Stelle markierte, und die Meßgeräte einzuziehen, bevor wir zu der vorgesehenen Stelle zurückkehrten. So konnten wir uns unserem Ziel von Westen her nähern und gegen den Strom halten. Wenn wir darüber hinausschossen, wie beim Bohrloch 122, wäre es in diesem Fall ganz einfach gewesen, das Schiff mit der Drift in die richtige Position laufen zu lassen. Schlüssel zum Erfolg war bei all dem die genaueste Ortsbestimmung während des Anlaufens. Satellitennavigation war unerläßlich, denn die herkömmliche Methode war nicht präzise genug. Sollten wir unser Ziel auch nur um eine halbe Seemeile verfehlen, war es unmöglich, die Aufgabe zu lösen, die wir uns gestellt hatten.

Also liefen wir mit Kurs 114 Grad einen Punkt im Osten unseres Zieles an und erwarteten 13 Uhr 06 ein *sat-fix*. Da das Schiff immer dann, wenn Satelliten-Navigationsdaten abgerufen wurden, bei gleichmäßiger Geschwindigkeit einen gleichmäßigen Kurs einzuhalten hatte, entschloß sich der Kapitän kurz vor 13 Uhr, eine Rücknahme der Geschwindigkeit von neun auf sechs Knoten anzuordnen, um nicht über den Zielpunkt hinauszulaufen. Leider tauchte der Satellit schon etwas früher auf als erwartet, und wir waren bereits eifrig dabei, die Position zu nehmen, als der Kapitän überhaupt erst dazukam, seine Befehle zu erteilen. Anschließend mußten wir warten, bis unser Techniker mit seinen Berechnungen fertig war. Wir warteten über 20 Minuten, und die Positionsberechnung kam immer noch nicht. Also begab sich Ryan unter Deck, um nachzusehen, was los war. Er explodierte fast, als er sah, daß der wachhabende Schiffstechniker in einer alten Zeitung blätterte, während der Satellit seine Signale sandte und es eigentlich besonderer Konzentration bedurft hätte. Schlimmer noch, der junge Mann hatte die Bedeutung einiger Signale gar nicht erkannt und bei seinen Berechnungen entsetzliche Fehler gemacht. Auch der Kapitän mußte auf die *sat-fix*-Zahlen warten, um seine Kursänderungen ausführen zu können, doch gerade bei dieser besonders wichtigen Positionsbestimmung dauerte die Berechnung dreimal so lange wie sonst. Erst um 13 Uhr 40 erhielten wir die

13-Uhr-Resultate. Hilflos sahen wir zu, wie unser Schiff über seinen Zielpunkt hinausschoß. Unser gesamter Zeitplan war durcheinandergekommen, und wir trafen verspätet am Ziel ein. Und diese Verzögerung führte zu weiteren Ungenauigkeiten in der Navigation.

Ausgerechnet in diesem Augenblick kam es zu einem fast belustigenden Zwischenfall. Forese Wezel sonnte sich an Deck. Plötzlich sah er im Wasser eine Boje mit roter Flagge – ein Zeichen, daß wir uns einer Bohrstelle näherten. Er rannte zu uns ins Elektroniklabor, und zwar genau in dem Augenblick als Ryan nach unten ging, um den *sat-nav*-Wache schiebenden Techniker zu fragen, ob wir denn schon an Ort und Stelle seien.

»Nein,« sagte ich Wezel auf seine Frage, ob wir unseren Zielpunkt bereits erreicht hätten. »Wir haben doch noch nicht einmal gewendet.«

»Aber ich sah doch eine Boje an uns vorbeitreiben!«

Kaum hatte er diesen Satz beendet, als Dell Cover, ein fleißiger und stets pflichtbewußter Techniker, hereinstürzte und meldete, sie hätten eine Boje verloren. Ted Gustafson, dem die Labors unterstanden, war außer sich:

»Habt ihr Brüder sie denn nicht gesichert?«

»Nein, wir haben es vergessen, und dann blies der Wind sie über Bord.«

»Das ist doch zum Schreien! Los, mach' eine andere fertig!« Wie ein geprügelter Hund zog der Techniker wieder ab. Ich versuchte, Gustafson zu zu beruhigen, und versicherte ihm, uns bliebe ja noch eine Stunde, um eine andere Boje fertig zu machen.

Die Stimmung an Bord wurde immer gereizter, als sich die *Glomar Challenger* gegen 16 Uhr wiederum mit Hilfe der unzulänglichen herkömmlichen Navigationsmethoden an ihre vorgesehene Position herantastete. Ganz sicher waren wir nicht, wo wir uns genau befanden. Doch ich hatte nicht die mindeste Lust, einfach auf dem Meer herumzudümpeln und die Satellitenposition von 17 Uhr 05 abzuwarten, um uns unsere Berechnungen bestätigen zu lassen. Bei all dem Durcheinander hatten wir schon viel zu viel Zeit verloren. So beschlossen wir, den Signalsender auszuwerfen und dort zu bleiben, wo wir waren. Wie es sich herausstellte, hatten wir unseren Zielpunkt um volle zwei Kilometer verfehlt, und die Sedimentabfolge an der Bohrstelle 124 war mehr als zweimal so mächtig wie an der ursprünglich vorgesehenen Stelle. Es koste-

te drei Tage, uns durch 400 Meter dicke Ablagerungen hindurchzuarbeiten, ohne auf das Untergrundgestein zu stoßen. Aus diesem Grunde war es auch nicht möglich, unsere ursprüngliche
Aufgabe zu lösen. Doch Ende gut, alles gut. Gerade dadurch, daß
wir an den falschen Platz gestolpert waren, erhielten wir eine
wunderschöne Abfolge von Proben mediterraner Evaporite, die
uns wichtige Informationen über jene faszinierende Phase gaben,
als das Mittelmeer ausgetrocknet war. Hätten wir das Schiff dagegen genau in die Position manövriert, die wir ursprünglich ins
Auge gefaßt hatten, so wäre uns wohl der größte Teil des Schich-
tenprofils entgangen, das sich dort fand, wo wir nun bohrten.
Wahrscheinlich hätten wir ebenso das Kristallingestein erreicht
wie später an Bohrloch 134 auf der anderen Seite des Balearen-
Beckens. Doch eine solche Kernprobe hätte wohl weit weniger
zur Lösung unseres wissenschaftlichen Problems beigetragen, als
wir gehofft hatten.

Am Abend des 26. August 1970 war dann alles wieder Routine.
Draußen auf dem Rüstdeck setzten die Arbeiter das Bohrgestänge
zusammen. In der Wissenschaftler-Lounge sahen wir einen Film
über die letzten Tage des Britischen Weltreichs. Als ich mich
schlafen legte, blieb Ryan wach. Er wartete auf den ersten Bohrkern aus dem Balearen-Becken. Nichts Aufregendes ereignete sich
in dieser Nacht, und zum ersten Male in den zwei Wochen, seit
wir Lissabon verlassen hatten, konnte ich acht Stunden durchschlafen.
Zuerst ging das Bohren in den weichen Sedimenten rasch voran.
Wir nahmen einige Stichproben, während wir uns immer tiefer
hinabarbeiteten, und fanden die üblichen Meeresablagerungen.
Das erste Anzeichen dafür, daß wir auf etwas Außergewöhnliches
gestoßen waren, zeigte sich am Nachmittag des 27. August.
Und zwar fanden wir im sechsten Kern ganz unten einige Stückchen Anhydrit. Wie Gips ist Anhydrit ein Sulfat. Allerdings enthält es in seinen Kristallen kein Wasser und hat die Zusammensetzung $CaSO_4$. Wie früher bereits erwähnt, haben Laboruntersuchungen ergeben, daß Kalziumsulfat bei höheren Temperaturen
meist als Anhydrit ausgefällt wird, nicht aber als wasserhaltiger
Gips. Die Übergangstemperatur hängt von der chemischen Beschaffenheit der Salzlake ab, die die betreffenden Mineralien absondert. In reiner $CaSO_4$-Lösung kann sie bis 58 Grad Celsius be-

tragen. Jetzt wurde das Bohrtempo immer langsamer, und wir wußten, wir hatten die Oberfläche des »M-Reflektors« durchstoßen. Die reflektierende Schicht war Anhydrit.

Der nächste Kern, den wir bargen, enthielt einen plättchenartig strukturierten Schlamm von dermaßen feiner Körnung, daß wir mit den Mikroskopen, die wir an Bord hatten, nicht imstande waren, seine mineralogische Beschaffenheit zu bestimmen. Später stellte Vladimir Nesteroff mit Hilfe der Röntgenstrahlenanalyse fest, daß dieses Sediment aus Dolomit bestand, einem der ersten Mineralien, die ausgefällt werden, wenn Meerwasser infolge Verdunstung stärkere Salzkonzentrationen enthält.

Während Nesteroff und Wezel sich damit vergnügten, die exotischen Mineralproben zu fotografieren, beschlossen Maria Cita und Herbert Stradner, sich ein wenig Ruhe zu gönnen. Dieser in einem Tümpel steriler Salzlake ausgefällte Schlamm enthielt ja weder Foraminiferen noch Nannofossilien, die sie interessiert hätten.

Die Evaporitformation war hart, und wir kamen mit dem Bohren nur noch sehr langsam voran. Wir schafften gerade einen Meter pro Stunde. Je mehr Zeit verging, desto mehr fragten wir uns, ob wir wohl je bis zum Grunde dieser Schicht vordringen würden. Die Bohrleute erklärten, der Bohrmeißel, den sie verwendeten, sei für diese Art harten Gesteins nicht gerade optimal. Wir überlegten daher, ob es nicht besser sei, aus diesem Bohrloch wieder herauszugehen und anderswo mit einem besseren Meißel neu zu beginnen. Auch merkten wir immer deutlicher, wie wichtig die hier gewonnenen Bohrkerne mit Evaporitgestein waren. Also beschlossen wir, noch weitere zwölf Stunden zu warten, bevor wir einen endgültigen Entschluß faßten.

Quälend langsam und nervenaufreibend fraß sich der Bohrmeißel immer tiefer. Enttäuscht über das langsame Vorankommen, gingen Ryan und ich endlich schlafen. Es war drei Uhr morgens. Wir schrieben den 28. August 1970.

10

Das Mittelmeer und seine vergessenen
Geheimnisse

Wir hatten noch keine Ruhe gefunden, da scheuchte uns John
Fiske, einer der Techniker an Bord, aus den Federn. Wir sollten
die »Säule von Atlantis« bewundern (Abb. 5). Ryan, Maria Cita
und ich werden diesen Tag nie vergessen. Damals zeichnete sich
für uns erstmals die Vision einer Salzwüste ab – einer Salzwüste,
3000 Meter unter dem heutigen Meeresspiegel. Nun hatten wir
genug Fakten, um eine Arbeitshypothese aufzustellen. Was wir allerdings noch nicht wußten, war, daß unsere Funde eine ganze
Reihe keineswegs neuer Rätsel lösen sollten, die der Schriftsteller
H. G. Wells in einem Science-fiction-Roman als »vergessene Geheimnisse des Mittelmeeres« bezeichnet hatte. Eine dieser Fragen,
über die man sich schon lange den Kopf zerbrochen hatte, lautete:
Warum gab es vor sechs Millionen Jahren im Mittelmeer eine sogenannte biologische Revolution? Die alte Mittelmeertierwelt,
bestehend aus Mischformen, deren Ursprünge im Atlantischen
und im Indischen Ozean zu suchen waren, zog sich in einem Mas-
senexodus an Zufluchtsstätten westlich von Gibraltar zurück. Was
von ihr übrigblieb, starb alsbald aus – mit Ausnahme einiger besonders widerstandsfähiger Arten, die selbst in immer stärker
konzentriertem Salzwasser zu überleben vermochten. So endete
das Miozän, die vorletzte erdgeschichtliche Epoche vor dem
Quartär. Als das Pliozän anbrach, das dem Quartär unmittelbar
voranging, kehrten die Auswanderer zurück. Mit ihnen kamen
neue Arten aus dem Atlantik. Aus beiden Gruppen ging dann die
heutige Fauna des Mittelmeeres hervor. Dieses dramatische Geschehen, von dem Fossilien in Sanden und Mergeln Italiens zeugen, entging nicht der Aufmerksamkeit Sir Charles Lyells, eines
der Begründer der modernen Geologie. Lyell betrachtete 1833 das

durch die Begründung einer neuen »faunalen Dynastie« gekenn-
zeichnete Ende dieser Revolution als das entscheidende Datum,
das die Wende vom Miozän zum Pliozän charakterisiert. Was aber
war die Ursache dieser Revolution? An jenem Augusttag waren
wir viel zu erregt, um die Möglichkeit in Betracht zu ziehen, daß
der radikale Wechsel im Salzgehalt des Mittelmeeres – als dieses
nämlich langsam verdunstete – die tiefgreifenden Veränderungen
der Meeresfauna hervorgerufen haben könnte. Erst später erfuhren
wir, daß französische und italienische Paläontologen bereits früher
eine krisenhafte Veränderung des Salzgehaltes des Mittelmeers
postuliert hatten. Mit dieser »Salinitätskrise« erklärten sie die biologische Revolution der Mittelmeertierwelt im ausgehenden
Miozän. Diese Auffassung war Anfang unseres Jahrhunderts weit
verbreitet, als H. G. Wells bei Professor Vincent Illing vom Impe-
rial College in London Geologie studierte. Allem Anschein nach
griff Wells seine Science-fiction-Geschichte durchaus nicht aus
der Luft. Er fabulierte keineswegs aufs Geratewohl, wenn er
schrieb, das Mittelmeer sei einst »ein tiefes Loch im Erdboden«
gewesen, bevor die Wasser des Ozeans einbrachen.
Rätselhaft war auch ein tiefer Abgrund unter der Ebene von Valence in Südfrankreich – eine unterirdische Schlucht, die gegen
Ende des 19. Jahrhunderts entdeckt wurde, als man dort nach
Grundwasser suchte und Brunnen graben wollte. Diese Schlucht
ist bis zu 100 Meter unter dem Meeresspiegel in harten Granit
eingefressen. Gefüllt war sie mit Meeressedimenten aus dem Pliozän, darüber fanden sich Schwemmsand und Kies aus der Rhône.
Zunächst glaubte man, diese Schlucht zöge sich über eine Strecke
von etwa 25 Kilometern zwischen Lyon und Valence hin. Schließlich zeigte es sich, daß die mit Sedimenten angefüllte Eintiefung
sich mehr als 200 Kilometer stromabwärts bis zur Camargue im
Rhônedelta erstreckte. Hier mußte man nicht weniger als
1000 Meter tief bohren, um den Schluchtgrund zu erreichen. Anscheinend ist die heutige Rhône nur ein Rinnsal im Vergleich zu
ihrer gewaltigen, tosenden Vorgängerin. Was aber konnte der
Grund sein, daß sich die »Ur-Rhône« ein dermaßen tiefes Bett
fraß? An jenem Augusttage wußten wir auch von dieser Frage
nichts. Ja – wir wußten noch nicht einmal, daß das ganze Problem
überhaupt existierte. Erst ein Jahr später ging uns auf, daß französische Gelehrte unsere Auffassung der Geschichte des Mittelmeeres schon vorweggenommen hatten. Bereits 1950 hatte Denziot

geäußert, ein Absinken des Mittelmeerspiegels müsse bewirkt haben, daß sich die Rhône einst dermaßen tief in das Felsgestein eingrub.

Die »Säule von Atlantis« bestand aus hartem Felsgestein. Am 28. August 1970 wurden noch weitere »Säulen« geborgen, doch das langsame Bohrtempo ging uns auf die Nerven und strapazierte unsere Geduld. Nachdem wir den ganzen Tag auf dem Rüstdeck zugebracht hatten, gingen Ryan und ich zunächst noch auf einen Mitternachtsimbiß in die Messe und dann in unsere Kabine. Doch auch diesmal sollten wir nicht ungestört bleiben. Um 5 Uhr steckte Anderson den Kopf zur Tür herein und sprach mit völlig unbewegter Stimme: »Ich denke, wir sind durch das harte Zeug durch!« Sofort sprangen wir aus unseren Betten und liefen zum Kernlabor. Der Techniker, der dort Nachtwache schob, hatte den Kern bereits erhalten, die Sedimentologen hatten eben diesen Kern bereits halbiert, und nun erblickten wir wunderschön gestreifte Sedimente (Abb. 6, *oben links*), die in der Tat viel weicher waren als Anhydrit.

Stradner machte einen Schnitt, das heißt, er schnitt eine hauchdünne Scheibe aus der Probe, und untersuchte sie unter dem Mikroskop. Nach einer Viertelstunde sagte er in seiner monotonen Art, er habe in den Sedimenten eine beträchtliche Anzahl von Diatomeen, das sind Kieselalgen, gefunden. Bei Diatomeen oder Kieselalgen handelt es sich – ebenso wie beim Nannoplankton – um einzellige Pflanzen, nur daß sie ein Skelett aus Silikat (SiO_2) haben. Manche von ihnen leben in Ozeanen. Andere Arten dagegen sind ausschließlich Brack- oder Süßwasserformen, die in Lagunen oder Binnenseen lebten bzw. leben. Zwar war Stradner kein Spezialist, doch hatte er genug paläontologische Kenntnisse, um uns sagen zu können, die Kieselalgen in unseren Kernen wären keine Meeresorganismen. Später bestätigte eine Expertin seine zunächst nur vorläufige Diagnose – Marta Hajos von der Ungarischen Akademie der Wissenschaften. Sie wies in unseren Proben aus dem Bohrloch 124 sowohl Brack- als auch Süßwasser-Diatomeen nach.

Wie kamen diese seltsamen Geschöpfe ins Mittelmeer? Ryan, der die Bedeutung des Stromatoliths in der »Säule von Atlantis« nicht begriffen hatte, versuchte ein letztes Mal, das Konzept einer Salzablagerung aus einem tiefen, untermeerischen Salzsee zu verteidigen. Er gab zu bedenken, daß brackiges Oberflächenwasser über einer stärkeren und infolgedessen schwereren Salzkonzentration das Vorhandensein dieser Kieselalgen erklären könne. Ich dagegen war überzeugt: Ein ausgetrocknetes Mittelmeer könne leicht in ein Gebilde wie das Kaspische Meer verwandelt werden, wenn von irgendwoher plötzlich ein größerer Schwall Süßwasser zufloß. Damals war ich mit der Paläogeographie Europas, das heißt mit dem Bild, das Europa während des Spätmiozäns bot, noch nicht hinreichend vertraut. Daher wußte ich nicht, daß es damals in Osteuropa tatsächlich einen ausgedehnten, mächtigen Brackwassersee gab, der dem ausgetrockneten Mittelmeerbecken beträchtliche Mengen Brackwasser zugeführt haben könnte. Schließlich mußte Ryan seinen Gedanken, daß die Kieselalgen aus brackigem Oberflächenwasser stammten, wieder aufgeben. Marta Hajo identifizierte in den Bohrkernen aus unserer Bohrstelle 124 nicht nur Kieselalgen, die an der Oberfläche von Brackwasserseen trieben, sondern auch mehrere Arten, die am Seegrunde lebten. Diese Geschöpfe bewiesen: Als Brackwassersee war das Mittelmeer einst flach genug, um noch bei Pflanzen wie den Kieselalgen, die auf seinem Boden lebten, Photosynthese zu ermöglichen. Als einst die Diatomeen dort gediehen, war das Balearen-Meer – wie heute das Kaspische Meer – durch und durch brackig. Den letzten Mosaikstein in unserem Bild verdanken wir der Entdeckung von Überresten kleiner Muschelkrebse (Ostrakoden) der Gattung *Cyprideis* in diatomeenhaltigen Sedimenten. Keines dieser winzigen Lebewesen trieb je frei im Wasser. Allenfalls konnten sie auf dem Grunde eines Brackwassersees existieren.

Andersons Optimismus hinsichtlich des Bohrtempos erwies sich als voreilig. Als der Morgen anbrach, erklärten uns die Bohrleute, alles liefe wieder zäh. Wir schafften in einer vollen Stunde weniger als einen Meter. Noch immer wogen wir ab, ob aufzugeben oder weiterzumachen ratsamer sei, als uns diese qualvolle Entscheidung abgenommen wurde. Travis Rayborn kam herein und verkündete: »Das war's! Der Meißel ist total hin!«

An Bord waren wir durch die Vielzahl exotischer Gesteine verwirrt, die wir aus der Tiefe emporgeholt hatten: Die »Säulen von Atlantis«, die Stromatolithe, die gleichmäßig gebänderten Sedimente mit Diatomeen, die Mergel marinen Ursprungs. Wir hatten keine Zeit, unsere Gedanken zu ordnen. Zwei Jahre später überarbeitete ich den letzten Entwurf meiner Arbeit über den Ursprung der Evaporite und reiste zum Lamont-Doherty-Observatorium, wo die Kerne des Tiefseebohrprojektes aufbewahrt werden. Dort arbeitete ich mit den noch keinen weiteren Untersuchungen unterworfenen »Archivhälften« der Kerne aus unserem Bohrloch 124. Erst jetzt fiel mir auf, daß es unterschiedliche Austrocknungszyklen gegeben haben muß. Das ältestes Sediment jedes einzelnen Zyklus stammte entweder aus der Tiefsee oder aus einem großen Brackwassersee. Feinkörnige Sedimente auf Böden mit ruhigem Wasser oder aus großer Tiefe weisen vollkommen gleichmäßige Streifung auf (Abb. 6, *oben links*). In dem Maße, wie das Becken austrocknete und die Wassertiefe abnahm, wurde infolge des zunehmenden Spiels der Wellen die Bänderung immer unregelmäßiger. Und als die Stellen, wo sich Sedimente ablagerten, nur noch von Zeit zu Zeit unter Wasser standen, bildete sich Stromatolith (Abb. 6, *oben rechts*). Schließlich lag, nach weiterer Austrocknung, auch das zuvor noch zeitweilig überschwemmte Gelände völlig trocken, und jetzt wurde vom salzhaltigen Sebcha-Grundwasser Anhydrit ausgefällt (Abb. 6, *unten links* und *unten rechts*). Plötzlich aber schwappte entweder Meerwasser über die Straße von Gibraltar – oder eine größere Brackwassermenge brach aus dem osteuropäischen Brackwassersee ein. Nun füllte sich das Balearen-Becken wieder, und feinkörnige Schlamm-Massen, die der Wassereinbruch mitführte, überlagerten abrupt den »Hühnerdraht-Anhydrit«. Im Lauf der Jahrmillionen, die die sogenannte Messina-Phase des Spätmiozäns umfaßte, wiederholte sich dieser Zyklus mindestens acht- bis zehnmal.

Doch ich greife bereits vor. Die Kerne aus dem Bohrloch 124 bildeten den Schlüssel zur Lösung so mancher Rätsel. Am Morgen des 29. August 1970 aber vermochten wir uns nicht zu entscheiden, ob wir den Bohrmeißel auswechseln und in unmittelbarer Nähe noch einmal bohren sollten, oder ob es besser wäre, zur nächsten vorgesehenen Bohrstelle zu fahren. Ryan hätte gern in unmittelbarer Nähe noch einmal angefangen, doch ich brannte darauf, unsere Aktivitäten ins östliche Mittelmeer zu verlegen. Ich setzte mich durch, schon weil wir das Treffen mit Robert Gilkey in Erwägung zu ziehen hatten, das Anfang September auf hoher See vor der griechischen Küste stattfinden sollte.

11

Zwischenspiel

Unmittelbar bevor Maria Cita zu uns stieß, hatte ihr Mann mit zwei ihrer Kinder einen Segeltörn durch die Ägäis begonnen. Ihr dritter Sohn hatte sich ein Bein gebrochen und mußte zu Hause bleiben. Seit sie an Bord war, versuchte Cita daher immer wieder herauszubekommen, ob ihre Seeleute wohlbehalten heimgekehrt waren. Zuerst wollte sie ein Telegramm schicken, aber es war schwierig, die Nachricht abzusetzen. Dann versuchten wir es mit dem Kurzwellensender, doch auch auf diese Weise kam kein Kontakt zustande. Als Bob Gilkey uns Dumitrica an Bord brachte, bat Cita ihn immer wieder, bei ihr zu Hause anzurufen und ihr Nachricht zu geben, sobald er wieder an Land sei. Doch Gilkey sah nicht ein, wie dringend die Angelegenheit für sie war. So wartete Cita wochenlang vergeblich auf Nachricht von ihrer Familie, und als wir uns unserer nächsten Bohrstelle näherten, interessierte Cita sich immer weniger für ihre Aufgaben an Bord. Schließlich begab ich mich zum Kapitän, der der Meinung war, wir sollten versuchen, via Radio Malta zu telefonieren.

Malta passierten wir am Morgen des 31. August 1970. Maria Cita, Forese Wezel und Wolf Maync – sie alle standen schon um sechs Uhr auf, um auf eine Funkverbindung zu warten, und als es Mittag war, hatten alle mit ihren Angehörigen gesprochen. Maria Cita hatte ihren ältesten Sohn Nicolo erreicht, der ihr versicherte, er und Marco, sein jüngster Bruder, hätten herrliche Tage in Griechenland und auf See verbracht, und alle seien wohlbehalten heimgekehrt. Pepe hatte einen neuen Gipsverband für sein gebrochenes Bein bekommen. Zu Hause waren alle wohlauf und zufrieden. Obwohl niemand von uns etwas anderes erwartet hatte, waren wir doch alle ebenso erleichtert wie Maria Cita selbst.

Meine Frau Christine und ich hatten gehofft, über Kurzwellensender Kontakt halten zu können. So hatten wir es während meiner ersten Bohrkampagne gehalten. Als ich im Südatlantik war, hatte es damit keinerlei Schwierigkeiten gegeben, aber quer über die Alpen zu funken war etwas gänzlich anderes. Zwar hatten der Funker und ich versucht, jeden Samstag und Sonntag zu einer verabredeten Zeit meinen Freund in Bern zu erreichen, doch während der letzten drei Wochen waren sämtliche einschlägigen Versuche mißlungen. Nun fragte mich der Kapitän, ob ich nicht auch über Radio Malta in Zürich anrufen wollte.

Wir riefen Radio Malta 11^{30}, 13^{30} und 14^{30} Uhr, bis schließlich für 21^{15} Uhr eine Verabredung getroffen wurde. Die vereinbarte Zeit kam, aber niemand war zu Hause. Es war Montagabend. Hatte Christine ihren Quartettabend im Hause von Freunden? Machte sie einen Besuch? Ich geriet ein wenig in Aufregung. Radio Malta sagte mir, man wolle es 22^{15} Uhr noch einmal versuchen. Gesagt, getan. Als ich schließlich durchkam, war ich erleichtert. Alles war in Ordnung. Christine war soeben mit Elisabeth von einem Mozart-Konzert heimgekehrt, Martin machte sich dieses Jahr in der Schule besser, Andreas konnte die Ferien nicht erwarten – und natürlich Peter! Selbstverständlich war er gewachsen. Er konnte nun schon die kleinen Glöckchen erreichen, die über seinem Bettchen hingen. Ja – meine Briefe hatte Christine erhalten. Sie werde nach Lissabon kommen, um mich vom Schiff abzuholen, und was dergleichen mehr war.

Viel zu aufgeregt, um schlafen zu können, ging ich hinauf in den Elektronikraum. Unser Anzeigegerät für die kontinuierliche seismische Profilaufnahme zeigte an, daß wir das Malta-Gefälle gekreuzt hatten. Von der Malta-Straße fiel hier der Meeresboden mehrere tausend Meter zum Syrte-Becken ab (Abb. 1). Die ganze Zeit über begleitete uns auch der »M-Reflektor«, und wie gewöhnlich lief die reflektierende Schicht parallel zum Relief des eigentlichen Meeresbodens – dies unter einer dünnen Decke von Sedimenten, die während der letzten fünf Millionen Jahre abgelagert wurden. Ryan hatte recht: Als die Evaporite abgelagert wurden, muß das Mittelmeer ein tiefes Becken gewesen sein. Und doch mußte unseren Bohrkernen zufolge der mit konzentrierter Salzlake angefüllte »Tümpel« flach gewesen sein. Wie ließen sich diese beiden widersprüchlichen Auffassungen miteinander vereinbaren, wenn dieses miozäne »Todestal« nicht einst eine heiße

Wüste war – eine Wüste, 3000 Meter unter dem heutigen Meeresspiegel?

Ich ging zur Brücke hinüber und plauderte ein wenig mit der Nachtwache. In diesem Teil des Mittelmeeres herrschte kaum Verkehr, und kein Schiff war auf unserem Radarschirm auszumachen. Es war eine warme Sommernacht. An Deck liegend, erblickte ich über mir den Orion. Ich lernte die Sterne kennen, als ich neun war. Es war im Sommer 1939. Tschungking, während des Krieges die Hauptstadt Chinas, war durch Brandbomben völlig zerstört, und meine Familie suchte Zuflucht in einem Bauernhof nördlich der Stadt. Ein halbes Jahr lang gingen meine Schwester und ich nicht zur Schule. Unterrichtet wurden wir von einer älteren Schwester. Mein Vater war Lektor für Schulbücher. Er hatte diesen Beruf nicht erlernt, aber er hatte dadurch Zugang zu einer ausgezeichneten Bibliothek. Samstag für Samstag fuhr er mit dem Bus von der Stadt bis zur Haltestelle unseres Dorfes und wanderte dann, vollbepackt mit Büchern, bei mehr als 30 Grad Hitze noch fünf Kilometer zu dem Bauernhof. Meist schleppte er für uns Kinder 20 bis 30 Bücher mit. Trotz der Hitze trug er stets eine dicke Jacke. Das brachte ihn zum Schwitzen, und das Schwitzen wiederum brachte ihm Kühlung. Unter diesen Umständen plagte uns unser Gewissen, wenn wir nicht unser wöchentliches Quantum erledigten. Gewöhnlich las ich alles, was er anschleppte. Am meisten mochte ich Bücher über Forschungsreisen, besonders Berichte über die unglückliche Polarexpedition Shackletons, über die Abenteuer Sven Hedins, der sieben Nächte lang praktisch ohne Wasser in Chinesisch-Turkestan (Sinkiang) durch die Wüste lief, bis er in ein Schlammloch stolperte, das ihm und seinem treuen Kameltreiber das Leben rettete. Damals wollte ich Forscher werden. Als ich dann heranwuchs, gewann ich freilich den Eindruck, alle fernen Länder seien bereits weitgehend erforscht, und für den Mond war ich inzwischen zu alt. Außerdem hatte ich mich an den Komfort einer gepflegten Wohnung gewöhnt und war das geworden, was meine schweizerische Schwiegermutter einen »Stubenhocker« nennt. Eine Ironie des Schicksals wollte es dann, daß ich doch meinen Jugendtraum verwirklichte und Neuland erforschte – allerdings umgeben vom Komfort eines Luxusschiffes.

An Backbord sah ich die Milchstraße. Im Chinesischen hat sie den romantischen Namen »Silberstrom« und spielt eine Rolle in einer tragischen Liebesgeschichte. Auf der einen Seite des Stromes wohnte die Jungfräuliche Göttin. Von ihrer göttlichen Mutter bestraft, weil sie sich in einen Kuhhirten verliebt hatte, mußte sie das ganze Jahr über am Webstuhl sitzen und weben. Doch am Abend des siebenten Tages des siebenten Monats kamen die Krähen und bildeten eine Brücke, so daß sie zu ihrem Geliebten konnte, der am anderen Ufer lebte. In dieser Augustnacht suchte ich vergeblich nach der Weberin (dem Sternbild hier) und ihrem Geliebten (dem Adler). Beide waren sie schon untergegangen, denn es war bereits vier Uhr morgens. Jetzt erst kam mir zum Bewußtsein, wie spät es war. Ich stand auf und ging in meine Kabine zurück.

12

Die Sintflut

Die *Glomar Challenger* war kein schnelles Schiff. Ihre maximale Reisegeschwindigkeit betrug zwölf Knoten, doch in Wirklichkeit kamen wir nur mit etwa zehn Knoten voran. Infolgedessen brauchten wir beinahe drei Tage, um unsere nächste Bohrstelle zu erreichen. Doch diese Atempause kam uns sehr gelegen. Wir nutzten sie, um Protokolle über jede bisherige Bohrung zu schreiben, abzutippen, durchzusehen, zu korrigieren und noch einmal abzutippen. Wir setzten uns zusammen, um noch einmal durchzugehen, was wir bisher gefunden hatten, und neue Pläne zu schmieden – war ja doch nun für unsere Kampagne Halbzeit.

Maria Cita, Forese Wezel und Wolf Maync kannten beileibe nicht nur die Grundbegriffe der mediterranen Geologie. Sie waren alle mit den verschiedenen Vorkommen von Evaporiten in den Ländern rund um dieses Binnenmeer vertraut, mit den spätmiozänen Evaporiten in Spanien, Piemont, der Toscana, in den Marken, in Kalabrien, auf Sizilien, auf den Ionischen Inseln, auf Kreta, auf Zypern, in Israel, in Algerien und so weiter. Wie fast alle unsere Berufskollegen jedoch hatten sie diese lokalen Lagunen-Ablagerungen einer Epoche ungewöhnlich trockenen Klimas zugeschrieben. Während wir jetzt auf dem Wege nach Osten waren, befreit vom Streß des täglichen Bohrens, begann uns erst die Bedeutung unserer Entdeckung zu dämmern. Wir hatten unter dem Mittelmeerboden eine Evaporitschicht gefunden und den geophysikalischen Beweis erbracht, daß diese Formation sich unter dem gesamten Mittelmeerboden hinzog. Nachdem uns all dies klargeworden war, konnten wir auch die spätmiozänen Evaporite an Land nicht mehr als »lokale Ablagerungen« abtun.

Sowohl Maria Cita als auch Forese Wezel hatten sich gründlich

117

mit der Evaporitformation auf Sizilien, der *Solfifera sicilienne,* befaßt, und sie wußten, daß diese eine umfangreiche Serie von Steinsalzen, Gips und Anhydrit umfaßt. Zwischen den Evaporiten fanden sich Mergeleinschlüsse mit Messinienfossilien. Auch die jüngste Evaporitformation aus anderen Ländern rings um das Mittelmeer stammte aus dem Messinien.

Über der *Solfifera*-Schicht Siziliens liegt ein weißes ozeanisches Sediment, das man als *Trubi*-Mergel zu bezeichnen pflegt. Dieser Mergel enthält Überreste einer Mikrofauna, die nur in tiefen Meeren von normalem Salzgehalt gedeiht. Was die diesbezüglichen Schlußfolgerungen angeht, so sind sich die Paläontologen ganz sicher: Entweder gehören die *Trubi*-Foraminiferen zu Arten, die im offenen Meer schwammen, oder sie besiedelten den Boden tiefer, kalter Meere. Später machte uns Dick Benson vom Smithsonian-Museum, der ein ausgesprochener Experte für Ostrakoden war, darauf aufmerksam, daß auch die *Trubi*-Ostrakoden dieser Formation die für kalte Meere typische Zusammensetzung aufwiesen. Sie ähneln jenen Formen, die heute in der Weite des Atlantiks leben. Doch als Herausgeber der Zeitschrift *Sedimentology* hatte ich erst kurz zuvor – unmittelbar bevor ich nach Lissabon abfuhr – ein Manuskript in der Hand gehabt, bei dem es ebenfalls um die *Solfifera sicilienne* ging. Die beiden Verfasser – Laurie Hardie und Hans Eugster von der Johns Hopkins University – behaupteten, die sizilianischen Salzausfällungen seien in einer flachen Salzpfanne abgelagert worden. Wenn sowohl die Sedimentologen als auch die Paläontologen recht haben, ergibt sich der unausweichliche Schluß, daß die Salzablagerung des Messinien im Bereich Sizilien mit einer plötzlichen »Sintflut« endete. Als das Meerwasser wieder einbrach, wurde die flache Salzpfanne vom einen Augenblick auf den anderen wieder zum Tiefseeboden. An der Bohrstelle zuvor hatten wir es unterlassen, einen Kern zu entnehmen, der den Übergang von Evaporiten zu normalen Meeressedimenten belegte. Dennoch wies der älteste Pliozänkern, den wir dort geborgen hatten, beträchtliche Ähnlichkeit mit dem *Trubi*-Mergel Siziliens auf. Ist dies der Beweis dafür, daß die Überschwemmung nicht auf Sizilien beschränkt war? Vielleicht wurde das gesamte Mittelmeer schlagartig geflutet, als das »Schleusentor« bei Gibraltar barst. Ein Hinweis war gegeben, doch den Beweis mußten wir erst noch erbringen. Es gab keine Alternative, wir mußten uns an der nächsten Stelle Meter um Meter in die Tiefe fressen und dabei ständig einen Kern nach dem anderen bergen.

Nach einer dreitägigen Fahrt durch das Mittelmeer warfen wir schließlich den Signalsender aus, der am Boden des Ionischen Meeres, etwa 300 Kilometer südwestlich von Kreta, unsere Bohrstelle 125 kennzeichnete. Zum ersten Mal schafften wir es, unsere Bohrposition zu erreichen, ohne daß es irgendwelche Komplikationen oder krisenhafte Entwicklungen gab. Die lokalen Verhältnisse waren in diesem Fall auch besonders günstig. Wir wollten irgendwo auf dem flachgipfeligen untermeerischen Gebirgszug des Mittelmeerrückens bohren. Dabei machte es gar nichts aus, ob wir unser Ziel um einen oder gar um zehn Kilometer verfehlten. Und da wir diesmal nicht unter Druck standen, funktionierte auch alles reibungslos.

Für die kontinuierliche Kernentnahme wählten wir eine Stelle mit nicht allzu mächtigen Sedimentschichten. Hier auf den Gipfeln des untermeerischen Gebirgsrückens hatten sich Skelette von Nannoplankton und Foraminiferen aufgehäuft – das Aufhäufungstempo bzw. die Aufhäufungsrate betrug dabei ungefähr zwei Zentimeter pro Jahrtausend. Kerne mit einer Gesamtlänge von 100 Metern verschafften uns daher einen Überblick über fünf Millionen Jahre Erdgeschichte. Damit dieser Überblick aber auch vollständig war, mußten sich unsere Proben zu 100 Prozent kontinuierlich aneinanderreihen, und es war außerordentlich mißlich, daß wir auch hier schließlich Schwierigkeiten bekamen.

Das Bohrgestänge erreichte den Meeresboden am 1. September 1970 kurz nach Mitternacht, und anfangs ging alles glatt und zügig. Wir bargen nicht weniger als vier Zylinder pleistozäner, also erdgeschichtlich noch sehr junger Sedimente. Wir alle waren über ihre herrliche Färbung begeistert. Es gab Abstufungen von Grün, Orangerot, Braun sowie von Grau bis Schwarz. Die Kerne kamen im Rekordtempo aus der Tiefe empor. Unsere kultivierten französischen Sedimentologen-Kollegen störte dies nicht sonderlich. Sie leisteten sich ihre zweistündige Mittagspause und genossen in aller Gemütsruhe ihre Steaks, während sich auf Deck die Kernzylinder mit Inhalt türmten und auf Weiterbearbeitung warteten.

Daß es Schwierigkeiten geben werde, zeichnete sich gegen 9 Uhr 15 ab, nachdem der fünfte Kern an Bord gebracht worden war. Er war nur zu 30 Prozent gefüllt. Anderson glaubte, die geringe Ausbeute sei darauf zurückzuführen, daß die Plastikauskleidung ungewöhnlich kurz war. Also vertauschte man sie gegen eine längere. Dies schien zu helfen. Jedenfalls entspannte sich die Situation, als der sechste und siebte Kern mit besseren Ergebnissen heraufkamen. Doch der achte Kern war wieder fast vollständig leer, und wir erkannten, daß eine ernstere Störung vorliegen mußte. Ich sprach mit Jim, der am Bohrgestänge Dienst tat. Seiner Ansicht nach hatten wir möglicherweise das Bohrgestänge nicht genug belastet. Also änderten wir den Druck, als Ryan kam, um mich abzulösen.

Als ich ein paar Stunden später wieder aufstand, war alles völlig schiefgelaufen. Wir würden unser Bohrgestänge wieder aus dem Bohrloch herausziehen müssen. Nach Ryans Schilderung war auch der neunte Kern ein Fehlschlag. Außer einigen Klümpchen Globigerinenschlamm, die sich in der Haltevorrichtung verfangen hatten, kam nichts empor. Diesmal wagte Charlie, der andere Diensthabende am Bohrturm, eine Diagnose, die sich letztlich als zutreffend erwies. Um das Eindringen von Lockermaterial in den Bohrgang zu verhindern, was uns bei unseren letzten beiden Bohrlöchern so viel zu schaffen gemacht hatte, hatte Anderson unten in den Bohrstrang eine Art Ventilklappe einsetzen lassen. Derartige Ventile sind von Zeit zu Zeit mit wechselndem Erfolg angewandt worden. Wir waren gerade dabei, eine neue Spielart auszuprobieren. Funktionierte das Ventil so, wie es sollte, mußte es sich öffnen, sobald der Bohrzylinder unten war, so daß dieser die Sedimentprobe aufnehmen konnte. Zog man den gefüllten Zylinder dann aber hoch, schnappte es zu, damit kein Sand und kein anderes Lockermaterial in den Bohrstrang eindrang. Wenn es aber nicht funktionierte, blieb der Kernzylinder die ganze Zeit verschlossen. Es war unmöglich, eine Probe zu entnehmen, und wenn man den Zylinder an Deck zog, war er leer.

Da wir nicht erwarteten, an dieser Stelle auf Sand zu stoßen, benötigten wir das Klappenventil auch nicht. Also akzeptierten Ryan und ich gern Charlies Rat, nicht noch mehr Zeit zu verlieren. Wir sollten, so meinte er, sofort den Bohrstrang hochziehen und das defekte Klappenventil entfernen. Anderson jedoch wollte – übervorsichtig, wie er war – noch einen Kern bergen. Tatsächlich versuchten wir es mit einem zehnten Kern, doch das Ergebnis war gleich Null.

Am frühen Nachmittag baten Ryan und ich Anderson noch einmal, das Bohrgestänge hochziehen zu lassen. Er war noch immer nicht überzeugt. Vielleicht, so meinte er, lag alles an einem Defekt des Kernhalters. Es war, als ob er nach jedem Strohhalm griffe. Gleichviel – ein weiterer Zylinder wurde in die Tiefe gelassen. Diesmal mit einem brandneuen Halter. Gereizt beschloß Ryan, sich der im Kernlabor herumliegenden Bohrkerne anzunehmen, während die Sedimentologen noch immer dinierten. Eine der Kunststoffhüllen nach der anderen wurde aufgeschlitzt. Dabei entdeckte Ryan auch den Übeltäter, der uns zu schaffen machte: In einem der Kerne fand er ein Stück einer gebrochenen Feder aus dem Klappenventil. Gerade in diesem Augenblick zog man den elften Kern empor. Abermals war der Zylinder leer, doch nun war niemand mehr überrascht. Um 19 Uhr, mehr als zehn Stunden nach den ersten Anzeichen der Störung, gab Anderson endlich die Anweisung, den Bohrstrang einzubringen. Das Auseinandernehmen und Wiederzusammensetzen des Gestänges dauerte weitere zwölf Stunden, so daß wir erst am 3. September um 9 Uhr erneut mit der Kernentnahme beginnen konnten. Das Ventil war billig, doch sein Versagen kostete eine Unsumme. Wir hatten Schiffsbetriebszeit im Werte von 50 000 Dollar verloren.

So ging am 3. September noch einmal alles von vorne los, und zwar an derselben Stelle. Diesmal hatten wir mehr Erfolg, doch was wir heraufbrachten, war alles andere als zufriedenstellend. Als wir uns durch etwa 80 Meter weichen Schlamm gewühlt hatten, stießen wir auf die Evaporitschicht, und unser Bohrtempo verlangsamte sich fast auf Null. Gegen 20 Uhr kamen wir nur noch ungefähr einen Meter pro Stunde voran. Schlimmer noch, als der nächste Bohrzylinder emporkam, war er wieder leer. Unser Mann am Gestänge meinte, diesmal hätten wir mit zuviel Druck gepumpt, so daß das Material aus dem Kernzylinder hinausgespült worden sei. Also drosselten wir den Pumpendruck, doch dies führte nur dazu, daß sich das Bohrgestänge verklemmte. Wir pumpten Schlamm hinab, und zu guter Letzt kam das Bohrrohr wieder frei, doch der Kernzylinder saß immer noch im Gestänge fest. Wir ließen eine Fangleine hinab, um ihn hinaufzuholen. Nutzlos. Der Scherbolzen brach, und der Zylinder saß nach wie vor eisenfest. Wieder einmal waren wir am Ende unseres Lateins. Wir mußten den Bohrstrang aus dem Loch ziehen. Später machten uns viele unserer Kollegen an Land heftige Vorwürfe, weil wir an dieser und an anderen Bohrstellen nicht weiter in die Tiefe gedrungen waren. Wie andere Besserwisser hatten sie jedoch keine

Ahnung von den Bedingungen, unter denen wir arbeiteten. Sogar ich begann all unsere Plackereien zu vergessen, als ich wieder einige Monate an Land war. Nur mein Tagebuch erinnerte mich immer wieder daran, wie es wirklich war.

Nachdem wir die Kerne untersucht und die Daten ausgewertet hatten, zeigte es sich, daß wir an der Bohrstelle 125 keineswegs so erfolglos gewesen waren, wie wir zunächst geglaubt hatten. Wenn wir zusammenfaßten, was wir beiden Bohrlöchern dieser einen Stelle an Kernen entnommen hatten, kamen wir auf einen durchgehenden Schnitt durch die Sedimente der letzten fünf Millionen Jahre, und genau dies hatten wir von diesem Platz erhofft. Doch wichtiger noch: Wir bargen einen Kern, der Aufschluß über das Ende der Evaporitausfällung und den Beginn der nachfolgenden Sintflut gab. Die letzten Sedimente des Miozäns bestanden aus Karbonatschlamm, der nur sehr unvollkommen entwickelte Formen von Meereslebewesen enthielt. Heute betrachten wir diesen Schlamm als das Sediment der Übergangsphase, in der sich das ausgetrocknete Mittelmeer erneut mit Wasser füllte. Der Salzgehalt dieses Meeres, dessen Spiegel ständig stieg, muß über dem des heutigen Mittelmeers gelegen haben. Heute finden starke Salzkonzentrationen, die auf exzessive Verdunstung zurückzuführen sind, ihren Weg durch die Straße von Gibraltar in den Atlantik. Doch während des Spätmiozäns donnerte bei Gibraltar das Wasser des Atlantiks als ungeheurer Wasserfall in das tiefe Mittelmeerbecken. Von einem Rückfluß starker und schwererer Salzlake in den Atlantik konnte damals keine Rede sein. Und unter der heißen Mittelmeersonne wurde das einfließende Salzwasser noch salziger, so daß nur ein paar Mikroorganismen in ihm zu leben vermochten. Dies waren die letzten Geschöpfe des Miozäns im Mittelmeerraum.

Ganz plötzlich brach dann am Ende des Miozäns der Damm vollends, und das Mittelmeer lief in kürzester Zeit bis zum Rande voll. Nun strömte durch die Straße von Gibraltar Wasser ein, so daß der durch Verdunstung bedingte enorme Salzgehalt des Mittelmeers gemindert wurde. So wurde dieses Meer wieder für Meeresorganismen bewohnbar. Die pliozänen Einwanderer aus dem Atlantik begründeten die *Trubi*-Faunen, wobei es sich überwiegend um neue Arten handelte. Nur einige wenige stammten von Lebewesen ab, die vor der Austrocknungskatastrophe östlich der Straße von Gibraltar gelebt hatten. Sie hatten sich noch während des Miozäns in den Atlantik geflüchtet, wo sie fortlebten. Die Nachfahren der pliozänen Neuankömmlinge sahen sich nie einer Salinitätskrise gegenüber, und viele von ihnen leben noch heute im Mittelmeer. Es überrascht daher nicht, daß die gegenwärtig im Mittelmeer vorhandenen Organismen sehr stark fossilen Arten aus dem Pliozän ähneln, sich aber auffällig von der Fauna des Miozäns unterscheiden, die in der Salinitätskrise des Messinien weitgehend zugrunde ging. Damit verfügen wir endlich über eine tragfähige Basis für Lyells Unterscheidung zwischen den mehr *(Plio-)* und weniger *(Mio-)* rezenten Faunen des Mio- und Pliozäns.

13

Am Anfang war ein Ozean

Es war entsetzlich langwierig, den Bohrstrang hochzuziehen und dabei die einzelnen Rohre voneinander zu lösen. So dauerte es am 3. September fast bis Mitternacht, bis endlich der Bohrkopf an Bord war. Innen saß der Kernzylinder zwischen übelriechenden Rückständen fest. Die Arbeiter unserer Bohrmannschaft spülten mit einem Schlauch einfach den unangenehm riechenden Schlamm weg, bevor sie den Bohrzylinder herauszogen. Ein hilfsbereiter Techniker nahm mit der Schaufel ein wenig von diesem Schmutz auf, der auf der Arbeitsbühne herumlag, und der erwies sich als die einzige Evaporitprobe aus dem östlichen Mittelmeer, über die wir überhaupt verfügten.

Daß wir auch an der Bohrstelle 125 steckenblieben, hatte den gleichen Grund wie an der Bohrstelle 122. Wir gerieten beim Bohren in eine Evaporitformation und kamen in Gips hinein – dies mit einem dafür gänzlich ungeeigneten Bohrkopf. Statt eines Meißels, der eine Formation durch Erschütterungen zum Bersten bringt, verwendeten wir den nur zum Durchteufen weichen Schlamms geeigneten Zahnmeißel. So kamen wir nicht recht durch die Evaporitschicht hindurch. Wir lösten lediglich Gipssplitter aus der kristallinen Masse, und derartige Splitter waren an beiden Bohrstellen die Wurzel aller Übel. Gaben wir starken Druck auf die Pumpe, um sie auszuwaschen, blieb im Kernzylinder nichts von der Kernprobe zurück. Drosselten wir die Pumpe, mischten sich die Gipsfragmente mit Schlamm, drangen in den Bohrring ein und blockierten den Kernzylinder. Noch nie zuvor war man bei Tiefseebohrkampagnen auf Evaporitformationen gestoßen. Daher hatte niemand Erfahrungen mit Problemen dieser Art. Am Ende unserer Kreuzfahrt waren wir dann allerdings vollendete Experten. Doch da war es zu spät, als daß es uns noch viel genutzt hätte.

Schwefelgeruch erfüllte das Kernlabor, als wir den festgeklemmten Kernzylinder entfernten. Anscheinend hatte sich unter der Einwirkung sulfatreduzierender Bakterien der Gips teilweise zersetzt und in Schwefel verwandelt. Spätere chemische Untersuchungen an Land bestätigten unsere Nasendiagnose – ja, wir erfuhren, daß die Schwefelablagerungen in der *Solfifera sicilienne* gleichfalls auf solche Bakterienaktivität zurückzuführen seien. Allem Anschein nach hatten wir ein untermeerisches Äquivalent der *solfifera* angebohrt.

Bei unserem Mitternachtsimbiß sprachen Ryan und ich über den Stand der Bohrarbeiten. Wir hatten gehofft, die gesamte Geschichte der Mittelmeeraustrocknung zu entschlüsseln. Nach unserer Überzeugung hatte die Evaporitablagerung etwa vor fünf bis fünfeinhalb Millionen Jahren aufgehört. Wann aber hatte sie begonnen? Unsere letzten vier Versuche, hierauf eine Antwort zu finden, waren alle erfolglos geblieben. Die Natur gab ihr Geheimnis nicht so ohne weiteres preis. Da wir das Problem nicht im ersten Anlauf lösen konnten, beschlossen wir, es gleichsam von hinten her aufzurollen.

Etwa 120 Kilometer nordöstlich unserer Bohrstelle 125 befindet sich im Mittelmeerrücken eine tiefe Kluft. Entdeckt wurde sie Ende der sechziger Jahre durch das Forschungsschiff *Conrad* des Lamont-Doherty-Observatoriums der Columbia-Universität, und zwar mit Hilfe seismischer Methoden (Abb. 31). Es handelt sich weder um einen Grabenbruch noch um eine Verwerfung, denn die Seitenwände des Abgrundes sind gegeneinander so gut wie überhaupt nicht versetzt. Eher gewinnt man den Eindruck, daß hier Erosion am Werk war. Dem Forschungsbefund zufolge wurden durch diese Erosion nicht allein weichere Sedimentschichten abgetragen, sondern auch der harte »M-Reflektor«. Ryan hatte an der Kampagne der *Conrad* teilgenommen. Er und seine damaligen Kollegen wollten freilich nicht glauben, daß Erosion die Kraft war, der diese Spalte ihre Existenz verdankte. Natürlich wußten sie, es gibt Unterwasser-Canyons, die von Meeresströmungen ausgewaschen wurden. Die Schlucht aber, um die es hier geht, durchschneidet den Mittelmeerrücken. Welche der am Boden des

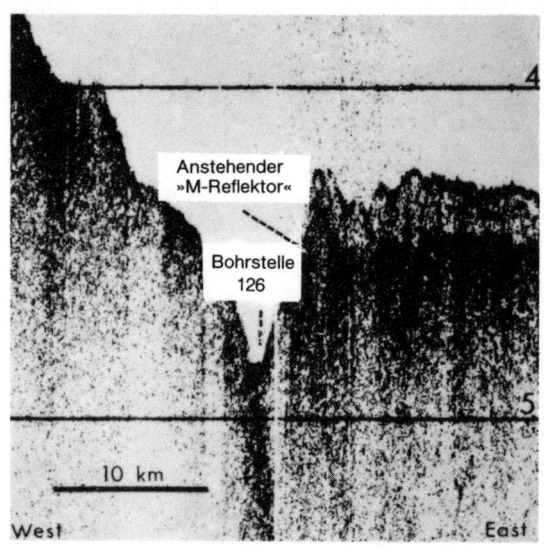

Anstehender
»M-Reflektor«

Bohrstelle
126

10 km

West   East

31 Seismischer Befund des Forschungsschiffes Conrad vom Lamont-Doherty-Observatorium. Man erkennt die tiefe Schlucht im Mittelmeerrücken. Sie wurde von einem Salzwasserstrom ausgewaschen, der vom Atlantik hereinbrach und die ausgetrockneten Becken des Mittelmeerraumes wiederauffüllte.

Mittelmeeres tätigen Kräfte konnte so gewaltig sein, daß sie sogar den »M-Reflektor« zerbersten ließ und abtrug?

Unsere Erfahrungen hatten uns gelehrt, jeden nur denkbaren Respekt vor dieser Evaporitschicht zu haben. Sie hatte all unseren Versuchen widerstanden, sie zu durchbohren. Tiefseeströmungen, die quer über den Mittelmeerrücken strichen, konnten nicht stark genug sein, sich durch eine so widerstandsfähige Formation hindurch zu fressen. Doch als sich bei uns ein Mosaikstein nach dem anderen zusammenfügte und vor unserem geistigen Auge das Bild eines ausgetrockneten Mittelmeerraumes entstand, konnten wir uns sehr gut vorstellen, daß ein mächtiger Fluß diese tiefe Schlucht aus dem Gestein geschnitten hatte. Wir konnten uns ausmalen, daß im Spätmiozän das Becken des Ionischen Meeres bis zur Kammhöhe dieses heute unterseeischen, damals aber freistehenden Gebirgszuges, der es vom tiefen Hellenischen Graben im Norden trennte, mit Wasser gefüllt war. Zuerst drang das Meerwasser über einen Sattel dieses Höhenrückens, dann aber muß es sich tief in den harten Fels eingefressen und einen Durchbruch geschaffen haben, dessen Dimensionen sich mit denen der Schlucht des Yangtse-Kiang in China vergleichen lassen. Die Erosion hörte auf, nachdem das gesamte Mittelmeerbecken wieder aufgefüllt war. Heute füllt eine 100 Meter dicke Schicht weicher Meeressedimente diese Schlucht.

Dieses unter dem Wasser des Mittelmeeres begrabene Naturwunder gab uns die Möglichkeit, die Angelegenheit von hinten her aufzurollen. Anstatt uns an der Bohrstelle 125 mit dem »M-Reflektor« herumzuschlagen, brauchten wir nur über der Schlucht Position zu beziehen, in der Erosion die harten Evaporite abgetragen hatte. Schließlich mußte es uns dort gelingen, die weiche Schlammdecke zu durchteufen, um der Schluchtwand Proben jener älteren Sedimente zu entnehmen, die normalerweise von der Evaporitschicht bedeckt sind.

Unseren Entschluß, uns an diese so nahe gelegene Stelle zu manövrieren, trafen wir unmittelbar vor Tagesanbruch. Deshalb fanden wir nur ganz wenig Schlaf. Bald schon schickte der Kapitän einen kräftig gebauten Seemann, um uns zu wecken. Wir wollten die Wand der unter Wasser begrabenen Schlucht anbohren – dies an einer Stelle, wo die weichen Sedimente zwar mächtig genug waren, um unserem Bohrgestänge Halt zu geben, andererseits aber auch wieder nicht zu dick, um ein Durchkommen zu verhindern. Doch bedurfte es dazu wieder genauester Positionsberechnungen, und es überrascht wohl kaum noch, daß unser *sat-nav*-System uns wieder einmal im Stich ließ, so daß es erneut zu einer hitzigen Debatte zwischen den beiden wissenschaftlichen Leitern der Expedition und ihren Technikern kam, sobald sich auch nur die geringste Gelegenheit bot, einander mißzuverstehen. Wir waren eben *Leg 13,* und diese Unglückszahl schien uns dauernd Pech zu bringen. Und schrieben wir nicht Freitag, den 4.9.? Wer wüßte schließlich nicht, daß 4 plus 9 schon wieder 13 ergibt!

Gleichviel – zu guter Letzt versenkten wir den Signalsender an der Bohrstelle 126 und begannen gegen 16 Uhr zu bohren. Als es 22 Uhr 15 war, hatten wir schon 100 Meter geschafft und hatten drei Zylinder pleistozäner Sedimente geborgen. Aber nun gab es wieder Ärger, denn jetzt stießen wir auf hartes Material. Es war, als ob das Bohrgestänge einfach nicht weiter hinab wollte. Doch anstatt ins Bett zu gehen, warteten Herbert Stradner, Maria Cita, Ryan und ich auf den Bohrkern, der uns über die Geschichte des

Mittelmeeres unmittelbar *vor* der Austrocknung Aufschluß geben sollte. Schließlich sollten wir die Antwort bekommen, auf die wir die letzten beiden Wochen gewartet hatten. Im Augenblick aber brauchte unsere Ungeduld ein Ventil. Also versuchten wir, uns die Zeit mit Tischtennisspiel zu vertreiben. Leider wurde es in dem Raum, wo wir spielten, zu heiß. Ich ging daher ins Freie und setzte mich am Bug der *Glomar Challenger* dem kühlenden Meereswind aus.

Es war Neumond, und aus Nordwesten wehte eine frische Brise. Ich blickte zum Bohrturm hinüber. Das Bohrgestänge mahlte und mahlte. Doch in die Tiefe schien es nicht vorangekommen zu sein. Zur Bohrhütte zurückgekehrt, erfuhr ich: Wir waren in drei Stunden nur ganze drei Meter weitergekommen. Also beschlossen wir, nicht abzuwarten, bis der gesamte, neun Meter messende Kern aus dem Gestein gefräst war, sondern ließen die Fangleine hinab und angelten uns nach Mitternacht den Kernzylinder so wie er war. Doch wer beschreibt unsere Enttäuschung: Der Kernzylinder war leer! Leer! Kein einziges Schlammklümpchen! Nicht einmal ein Schmutzfleck! Unsagbar enttäuscht, hinterließen Ryan und ich die Weisung, weiterzubohren, und gingen in unsere Kabine.

Gegen 8 Uhr morgens war ich halbwegs wach. Doch hatte ich keine Lust, aufzustehen und neue Enttäuschungen über mich ergehen zu lassen. Ryan muß es ähnlich ergangen sein. Also blieben wir liegen und kamen auf diese Weise das erste Mal seit mehr als einer Woche zu einem achtstündigen Schlaf. Schließlich kam Anderson um halb elf herein. Wie erwartet, waren wir nur äußerst langsam vorangekommen. Anderson meinte, wir seien wohl wieder einmal auf Anhydrit gestoßen. Seiner Ansicht nach waren leere Zylinder und langsames Vorankommen kennzeichnend genug, und er schlug vor, falls der letzte Zylinder gleichfalls leer sei, das Bohrgestänge hochzuziehen und den Bohrkopf auszuwechseln. Meiner Auffassung nach mußten wir schon ein gutes Stück unter dem Anhydrithorizont sein und vielleicht in irgendeinem harten Gestein wie etwa Feuerstein herumbohren. Ryan wiederum meinte, wir sollten unsere Aktivitäten an einen Punkt verlegen, wo die Schlucht tiefer sei, um unter der Talfüllung älteres Gestein zu erreichen. Während wir noch darüber diskutierten, zog man gerade den nächsten Kern empor. Als er schließlich gegen 11 Uhr an Deck war, rannten wir zur Arbeitsbühne und sahen, wie Wasser aus dem Kernzylinder troff. Mit bloßen Händen griff ich ein paar

Gesteinssplitter und rannte mit ihnen zu Stradner ins Paläo-Lab hinab. Wirklich – die Ausbeute war gar nicht so schlecht! Wir hatten genug Material, um zu erkennen, daß es sich bei dem Sediment unter dem Evaporit um einen dunklen Mergel handelte, eine normale Meeresablagerung aus dem mittleren Miozän (etwa 12 bis 14 Millionen Jahre alt). Also war das Mittelmeer, bzw. zumindest sein Ostteil, ein ganz normales Binnenmeer, bevor seine Verbindung oder seine Verbindungen nach außen im Spätmiozän unterbrochen wurden. Wie aber standen die Dinge vor 20, wie vor 100 Millionen Jahren? Wann war das Mittelmeer entstanden? Für einen Moment mußten wir die Begeisterung über unsere Entdeckung erst einmal zurückstellen, um die Frage zu besprechen, wie man beim Bohren die bestmöglichen Resultate erzielt?

Wir stellten einige Berechnungen an. Die normale Anhäufungsrate bei Meeressedimenten liegt bei etwa zwei Zentimetern pro Jahrtausend. Wenn wir 20 Meter mächtige Schichten durchdrangen, so repräsentierten diese eine Million Jahre Erdgeschichte, bei 100 Metern waren es fünf Millionen Jahre. Wenn wir im jetzigen Bohrtempo von zwei Metern oder weniger pro Stunde fortfuhren, würde es uns einen vollen Tag unserer kostbaren Schiffszeit kosten, um weitere fünf Millionen Jahre zurückblicken zu können. In diesem Tempo weiterzumachen lohnte sich nicht, zumal wir keinerlei Grund für die Annahme hatten, daß sich in diesem Fünf-Millionen-Intervall irgendein besonders dramatisches Geschehen abgespielt hatte. Natürlich wünschten wir sehr, einen Blick auf die Anfänge des östlichen Mittelmeers zu werfen, doch würde es uns nie gelingen, weit genug in die Tiefe vorzudringen, um dieses Ziel zu erreichen.

Ausschlaggebend war bei all dem – wie wir später merken sollten –, daß wir abermals den falschen Bohrkopf benutzt hatten. Als wir Bohrloch 126 angingen, hatten wir zu einem »Knopf-Kopf« übergewechselt. Hier aber hätte es eines Zahnkopfes bedurft, um die weichen, wachsähnlichen Schiefer zu durchteufen. Bei dieser Lage der Dinge hätten wir tatsächlich, wie Anderson geraten hatte, das Bohrgestänge hochziehen und den Bohrkopf austauschen sollen. Doch wir verspürten keinerlei Lust, noch einen Tag unserer kostbaren Schiffszeit zu vergeuden, um uns auf ein Wagnis mit ungewissem Ausgang einzulassen. Nach langem Hinundher griffen wir Ryans Vorschlag auf, uns zu einer neuen Bohrstelle zu begeben, an der die Schlucht tiefer war.

Unser Entschluß wurde dem Kapitän mitgeteilt, und das Schiff lief den neuen Zielpunkt an. Zu unserer Überraschung stießen wir bereits nach 60, nicht, wie erwartet, erst nach 200 Metern weicher Sedimente auf die harte Schicht. Offensichtlich war hier die Schlucht doch nicht tiefer eingeschnitten. Den ganzen Abend kam der Bohrer nur entnervend langsam voran, während Ryan und ich abwechselnd unsere Zeit auf dem Arbeitsgerüst absaßen. Erstmals während der ganzen Kampagne fühlten wir uns so frustriert, daß wir nicht mehr so recht wußten, was wir als nächstes tun sollten.

Um 19 Uhr kam die erste Kernprobe aus dem neuen Loch. Wieder derselbe dunkle Mergel! Unsere Kernproben kamen jetzt aus einer jüngeren Schicht des mittleren Miozäns. Ryan und ich beschlossen daraufhin, es sei nutzlos, unseren Bohrer in diesem wachsartigen Schiefergestein wühlen zu lassen. So forderten wir Anderson auf, das Hochziehen des Gestänges zu veranlassen. Wir selbst gingen ins Kartenhaus zum Kapitän.

Der Kapitän hatte geplant, an dieser Bohrstelle ein Zusammentreffen mit Gilkey zu veranstalten, und soeben war Gilkeys Zusage gekommen. Und doch verstand der Schiffsführer unsere Lage. Wir konnten nicht einfach hier herumsitzen, bis Gilkey da war. Gewiß, das Zusammentreffen war verabredet, aber wir konnten das amerikanische Schiff *Buttes* ja auch per Funkspruch zu unserer nächsten Bohrstelle umleiten.

Noch bevor wir mit dem Kapitän völlig ins reine gekommen waren, stürmten unsere drei Paläontologen in das Kartenhaus. Sie hatten von den Rauhbeinen der Bohrmannschaft gehört, daß wir dieses Bohrloch aufgeben wollten, und sie ärgerten sich darüber. »Warum müssen wir denn gerade jetzt wegfahren, wo wir doch endlich eine Stelle gefunden haben, an der wir das Gestein unter dem Evaporit anbohren können?« Maync war es, der diese Frage stellte.

Also trafen wir zur Lagebesprechung in der Wissenschaftlerlounge zusammen. Ja, sie hätten recht. Wir müßten eigentlich mehr über diese Gesteine wissen. Ja, auch wir möchten lieber bleiben, doch es schien nicht möglich, mit unserem Bohrgestänge weiter in die Tiefe voranzukommen. Ja, wir wüßten, das Gestein wäre weich wie Wachs, und wir könnten es mit unseren Fingernägeln ankratzen. Doch es war anscheinend nicht griffig genug. Zwar drehte sich das Bohrgestänge, faßte es aber nirgendwo. Und wir redeten den anwesenden Kollegen zu, sich nicht entmutigen zu lassen. Immerhin bewies die eine Probe, die wir hatten, daß hier einst ein Ozean war. Andere Proben berichteten von der allmählichen Isolierung des Mittelmeeres, als vor etwa 20 Millionen Jahren Afrika mit Asien zusammenstieß, wodurch die Verbindung mit dem Indischen Ozean unterbrochen wurde. Wir konnten nun auch ähnliche Gesteinsabfolgen auf dem westgriechischen Festland zum Vergleich heranziehen, die Rückschlüsse auf die frühe Geschichte des östlichen Mittelmeerbeckens erlaubten. Schließlich versprachen Ryan und ich, eine andere Störung des »M-Reflektors« nördlich des Nildeltas aufzusuchen. Wir hofften, dort ein besseres Schichtenprofil zu erhalten. Allmählich beruhigten sich unsere Kollegen wieder. Um dem Tag zu einem guten Abschluß zu verhelfen, stiftete Maria Cita eine Flasche Portwein.

14

Meeresboden unter einer Insel

Die Evaporite, die wir unter dem Mittelmeerboden fanden, Tausende von Metern unter dem Meeresspiegel, bewiesen an sich noch nicht, daß das Salzbecken immer so tief gewesen sein muß. Vladimir Nesteroff neigte eher einer anderen Hypothese zu. Seiner Ansicht nach war das Mittelmeer vor fünf oder sechs Millionen Jahren ein flaches Schelfmeer – ein sogenanntes Kontinentalsockelmeer – wie heute die Ostsee. Als dann später seine Verbindung zum Atlantik abriß, sei es zu einer flachen Salzpfanne geworden. Diese Auffassung Nesteroffs, die bei seinen französischen Kollegen große Zustimmung fand, setzte natürlich voraus, daß der Boden des Mittelmeeres im Lauf der letzten fünf Millionen Jahre abgesunken sein müsse.

Nesteroff äußerte seine Idee in einem Artikel über seine Arbeit an Bord. Später verfaßte er für den Schlußbericht unserer Expedition ein eigenes Kapitel über den Ursprung der Mittelmeerevaporite. Wirkliche Beweise, stichhaltige Anhaltspunkte dafür, daß das Mittelmeer einst flach war, hatte er nicht. Ihm schien nur die Vorstellung einer flachen Salzpfanne glaubhafter als der Gedanke an ein meerestiefes Wüstenbecken. Doch sprechen alle Tatsachen gegen die These, daß das Mittelmeer im Spätmiozän flach war. Alles deutet vielmehr darauf hin, daß die weit verblüffendere Vorstellung zutrifft – nämlich die, daß das tiefe Mittelmeerbecken einmal eine Wüste war.

Zunächst – und am eindringlichsten – sprechen die seismischen Befunde dafür, daß das Mittelmeerbecken bereits im Miozän eine bedeutende Tiefe hatte. Schon vor unserer *Leg-13*-Expedition hatte man den »M-Reflektor« entdeckt, und jeder war damals überzeugt, das Sediment, das die reflektierende Schicht darstellt, müsse in einem Mittelmeerbecken abgelagert worden sein, dessen Topographie und Tiefenverhältnisse sich von denen des heutigen Mittelmeeres kaum unterschieden. Abgesehen von gewissen lokalen Störungen, befand sich der Mittelmeerboden vor etwa sechs Millionen Jahren ungefähr in der gleichen Tiefe wie heute. Dies war ja auch der Grund, weshalb Ryan zunächst die Ansicht vertreten hatte, die Evaporite müßten in der Tiefsee ausgefällt worden sein. Weitere Anhaltspunkte lieferten Maria Cita und die Paläontologen-Kollegen an Bord: Bei den Fossilien unmittelbar unter- und oberhalb der Evaporitschichten, ja desgleichen auch zwischen ihnen, handelt es sich durchweg um Lebewesen, die im tiefen Wasser zu Hause sind.

Den letzten Anstoß für eine Ablehnung der Flachmeerhypothese verdanken wir unseren Erkenntnissen über die geologische Geschichte des Mittelmeeres. Wir hatten allen Grund, Argand zuzustimmen, daß das Balearen-Becken schon vor rund 25 bis 30 Millionen Jahren entstanden sein muß, lange bevor das Salz sich ablagerte. Unseren geophysikalischen Untersuchungen zufolge ist das östliche Mittelmeer sogar noch älter und geht vielleicht auf das Mesozoikum zurück – also auf die Zeit vor etwa 200 Millionen Jahren. Während der letzten fünf Millionen Jahre ist das Ostmittelmeer keineswegs abgesunken, denn dies hätte eine räumliche Ausdehnung vorausgesetzt. Eher ist das Gegenteil der Fall, und der Meeresboden hat sich anscheinend unter Druck gehoben, denn Afrika und der östliche Mittelmeerboden wurden nordwärts gepreßt – Europa entgegen. Erstes und wichtigstes Ziel unserer nächsten Bohrungen im östlichen Mittelmeer war es, diese Druckhypothese zu prüfen.

An Bohrstelle 127 sollte zunächst der Nordrand des Hellenischen Troges untersucht werden (Abb. 2). Derartige Tröge oder Gräben, lineare Eintiefungen im Meeresboden, findet man in der Regel an den Rändern von Kontinenten oder an der dem offenen Meer zugewandten Seite von Inselbögen. Die Peloponnes (die südlichste Halbinsel des griechischen Festlandes) sowie die Inseln Kreta und Rhodos bilden den nördlich des Hellenischen Troges gelegenen Kretischen Bogen. Der Plattentektonik zufolge findet sich ein Graben immer dort, wo Meeresboden und Inselbogen unter Druck zusammentreffen. Der Meeresboden wird dabei in die Tiefe geschoben. So entsteht der Graben. Den Inselbogen dagegen treibt es in die Höhe (Abb. 17). Immer dann, wenn sich der Meeresboden unter dem Inselbogen ein wenig bewegt und ein Stück weit in die Tiefe abtaucht, sind hinreichend starke Kräfte am Werk, um Erdbeben hervorzurufen. Die Untersuchung dieser Erderschütterungen veranlaßte einen unserer JOIDES-Freunde, Dan MacKenzie aus Cambridge, zu der Annahme, daß sich der Mittelmeerboden zur Zeit von Süden her unter den Kretischen Inselbogen schiebt. Wenn dies zutraf, mußten sich unter den Gesteinen, die das Fundament der Insel Kreta bilden, Meeressedimente finden.

Schon die griechische Mythologie gibt der Vorstellung Ausdruck, daß sich der Kretische Inselbogen aus dem Meere erhebt. So heißt es, Apollon sei zu kurz gekommen, als die Götter des Olymp Griechenland unter sich aufteilten. Als billigen Trost versprach Zeus ihm die Inseln, die aus dem Meere emporsteigen würden. Und als Apollon eines schönen Tages über das Ägäische Meer flog, sah er, wie die Insel Rhodos aus der Tiefe emporstieg. Er ließ sich auf die Insel herab, um sein Eigentumsrecht geltend zu machen, und dort, wo er zur Erde herabkam, erbaute man den berühmten Apollontempel von Lindos.

Es gibt naturwissenschaftliche Anhaltspunkte dafür, daß Rhodos tatsächlich aus dem Meer emporgestiegen ist. Den Tempel von Lindos errichtete man auf einem neu dem Meer entstiegenen Stück Land. Auch Kreta scheint aus Meerestiefen emporgekommen zu sein. Jedenfalls fanden wir auf dieser Insel Evaporite und Meeressedimente aus dem späten Miozän die auf dem Meeresgrund abgelagert worden sein müssen – auf einem Stück Meeresboden, das dann später, irgendwann vor etwa drei Millionen Jahren im Pliozän, über den Meeresspiegel hinausgehoben wurde.

Um 5 Uhr am 6. September 1970 begann die Fahrt der *Glomar Challenger* zu der Bohrstelle im Hellenischen Trog. Ich spürte die Vibrationen, die durch das Schiff liefen, als unsere Schrauben wieder auf Touren kamen. Kurz vor zehn Uhr steckte der Obermaat seinen Kopf zur Tür herein und meldete, daß wir uns unserem Ziel näherten. Auch diesmal war die Fahrt nur kurz gewesen. Ryan hatte Schwierigkeiten, die Augen aufzubekommen, nachdem er die ganze Nacht mit Anderson über Hippies diskutiert hatte. Manche Leute an Bord störte es, daß sämtliche Techniker an Bord Hippiekleidung und Hippiehaarschnitt trugen. Dennoch erwiesen sie sich alle als verantwortungsbewußt, wir konnten ihnen bestätigen, daß sie hart zugriffen, wo es nötig war, und wir mochten sie. Sie bildeten einen interessanten Gegensatz zur Bohrmannschaft. Niemand konnte einen langhaarigen Scripps-Techniker mit einem kräftig hinlangenden »Rauhbein« aus Louisiana oder Mississippi verwechseln. Trotz dieser aus denkbar heterogenen Bestandteilen zusammengesetzten Schiffsbesatzung kam es auf keiner der Fahrten des Tiefseebohrprojektes zu ernsthaften Reibungen. Wie es scheint, lernte man auf diesen langen Seereisen, Geduld und Toleranz zu üben.

Punkt zehn Uhr ging ich zum Elektroniklabor und stellte fest, daß unser Schiff mit Kurs Nordost in die Gewässer über dem Hellenischen Trog einlief. Das Präzisionsecholot ließ erkennen, daß der Meeresboden steil in die Tiefe abfiel (Abb. 32). Wir hatten den ganzen Morgen gute *sat-fix*-Positionen erhalten und außerdem nach herkömmlichen Navigationsmethoden genauestens unseren Kurs abgesteckt, denn präzise Kursangaben waren für den Erfolg dieses Vorhabens absolut unerläßlich. Unser Zielpunkt lag genau am Fuß der nördlichen Trogsteilwand. Wir wollten den Trogboden kreuzen, den Signalsender absetzen, unsere im Schlepptau befindlichen Meßgeräte einziehen und dann zu der ins Auge gefaßten Bohrstelle zurückkehren.

Kurz nach 11 Uhr überquerten wir den ebenen Boden des Trogs. Der Kapitän kam alle paar Minuten zu uns herein, um den Countdown zu geben: »Nach unserem Besteck sind wir noch zehn Minuten vom Zielpunkt entfernt,« meldete er. »Noch acht Minuten . . .« »Fünf Minuten . . .« »Drei Minuten . . .« Ryan, Pautot und ich überwachten mit Argusaugen den Zeiger des Präzisionstiefenmessers und warteten auf das erste Anzeichen eines Nebenechos, das sich einstellen mußte, sobald wir nahe genug an die Wand des untermeerischen Tales herangekommen waren. Pautot sollte schließlich das Signal zum Absetzen des Signalsenders geben.

»Jetzt?« fragte Ryan etwas voreilig.

»*Non!*«

Tick, tick, tick – eine halbe Minute war verstrichen. Wir waren 150 Meter weitergeglitten.

»Jetzt?«

»*Non!*«

Tick, tick. Noch ein Echo. Noch einmal 150 Meter.

Schließlich zeichneten sich über dem flachen Profil des Grabenbodens parabelförmige Kurven ab: die ersten Nebenechos. Die

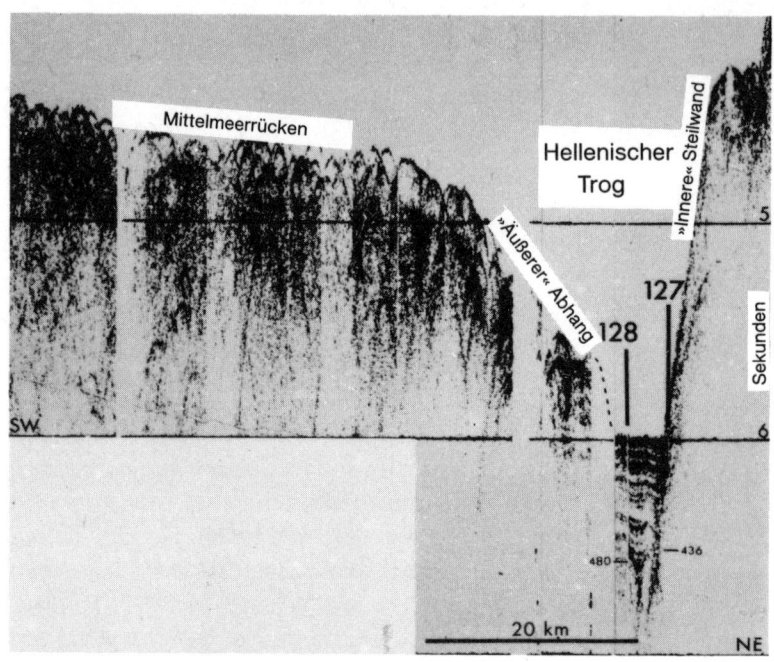

Mittelmeerrücken

Hellenischer Trog

»Innere« Steilwand

»Äußerer« Abhang

127

128

480

436

5

6

Sekunden

SW

20 km

NE

32 Aufgrund des seismischen Befundes erstellter Schnitt durch den Hellenischen Trog, die tiefste Stelle des Mittelmeers zwischen Kreta und dem Mittelmeerrücken.

Talflanke war dermaßen steil, und wir waren ihr so nahe, daß die Echos nicht nur den flachen Talboden erkennen ließen, über dem sich unser Schiff befand, sondern auch die angrenzende Steilwand. Dieses Auftauchen von Nebenechos zeigte uns: Wir waren unserem Ziel sehr nahe.

Tick, tick. Weitere Echos, und endlich Pautots erlösender Ruf: *»Mais oui!«*

Sein Kommando ging über Bordlautsprecher hinaus, und der Signalsender wurde abgeworfen. Beim nächsten »Tick« stieg das Bodenprofil rasant an. Nun hatten wir kein Nebenecho mehr, sondern unser Tiefenmesser hatte den Fuß der Steilwand voll erfaßt, den wir nun genau unter uns hatten. Ryan war begeistert: Wir hatten innerhalb einer Toleranzgrenze von nur 200 Metern unser Ziel erreicht. Nach den üblichen weiteren Manövern befanden wir uns um 12 Uhr schließlich in Bohrposition. Später tat man unser erfolgreiches Navigieren als »unglaubliches Glück« ab. Die üblichen Besserwisser und Sonntagsseeleute wollten unseren hervorragenden Navigatoren ihren Erfolg nicht gönnen.

Am Abend des 6. September hatte unser Bohrgestänge in 4664 Meter Tiefe unter unserer Arbeitsplattform Bodenberührung. Diesmal hatte ich Nachtwache. Zwei Nächte und einen Tag lang zogen wir einen Kern nach dem anderen an Deck – einen Zylinder nach dem anderen voller Sand und Schlamm. Ein wenig Unruhe gab es am Morgen des 8. September, als das US-Forschungsschiff *Buttes* Gilkey, den Nachschub und neue Leute an Bord brachte, ein Manöver, dem wir den Decknamen »Operation Anluven« gaben, denn die beiden neuen Mannschaftsmitglieder waren Frauen, beide Technikerinnen. Auch Post kam, doch ich war enttäuscht. Denn die für mich bestimmten Briefe aus Zürich waren wohl zu spät im Scripps in La Jolla eingetroffen, so daß man sie mir nicht an Bord nachsenden konnte.

Kurz nach zehn Uhr morgens gab ich dem Aufseher über die Bohrarbeiten Anweisung, weiterzubohren, und ging zu Bett, denn ich war ja die ganze Nacht wachgeblieben. Doch wenn ich mich schlafenlegte, ereignete sich stets irgend etwas Aufregendes. Jedenfalls tauchte nach zwei Stunden Ryan auf und schaltete das Licht an. Er hatte ein Stück Gestein in der Hand und war schrecklich aufgeregt: »Ken, der Dreck hier lohnt sich!«

Das Gestein war grauer, gut lithifizierter Kalkstein. Er schien viel älter zu sein als alles, was wir bisher im Mittelmeer gefunden hatten. Einige meinten, er gehöre zur Evaporitschicht. Andere, darunter Ryan und ich, hielten ihn für viel älter, wohl für mesozoisch und damit für 100 bis 200 Millionen Jahre alt. Maync fertigte dünne Schnitte von diesem Gestein an, und wir betrachteten sie dann unter dem Mikroskop. Unsere Suche galt Überresten fossiler Lebewesen. Und wir suchten nicht vergeblich. Am frühen Abend fand ich eine Foraminifere, und wir riefen Maria Cita.

Es handelte sich um ein Lebewesen der Gattung *Ammobaculites,* eine Gattung, die seit dem Karbon vor 300 Millionen Jahren bis heute nachgewiesen ist. Es war daher sinnlos, unsere Debatte neu zu beginnen. Dennoch ermutigte diese Entdeckung Wolf Maync, weitere Dünnschliffe anzufertigen und sie noch gründlicher unter dem Mikroskop zu untersuchen. Die Mühe lohnte sich, denn er berichtete uns am folgenden Tage, der Kalkstein sei tatsächlich mesozoischen Ursprungs. Und zwar enthielt er *Orbitolina* eine Gruppe von Foraminiferen, die vor etwa 100 bis 130 Millionen

Jahren in der frühen Kreidezeit gelebt hatten. Nun bestand kein Zweifel mehr. Wir waren durch die jüngeren Sedimente am Boden des Troges auf Gestein gestoßen, das zur Scholle unter dem Kretischen Inselbogen gehörte.

Unser nächster Kern vom pliozänen Mittelmeerboden unter den Fundamenten der Insel Kreta enthielt wirklich »Dreck, der sich lohnte«. Es war haargenau so, wie es der Theorie nach sein sollte. Als im Pliozän Afrika immer näher und näher auf Europa zu gedrückt wurde, war der Mittelmeerboden unter den Kretischen Bogen geschoben worden. Damit war bewiesen, daß während der letzten fünf Millionen Jahre das östliche Mittelmeerbecken von Afrika her unter starkem Druck stand. Und dies widerlegte die Hypothese, der Meeresgrund sei hier infolge einer Ausdehnung abgesunken. Unser nächstes Ziel war es, zu überprüfen, ob dieser Druck auch für die Entstehung des untermeerischen Höhenzuges verantwortlich war, den man als Mittelmeerischen Rücken bezeichnet.

15

Melange unter dem Strabo-Berg

Während wir ein paar Tage lang noch an einer anderen Stelle im Hellenischen Trog bohrten, suchte ich eine Entzündung der Mundschleimhaut auszukurieren, die schließlich übles Zahnweh zur Folge hatte. Als wir dann zur nächsten Bohrstelle unterwegs waren, konnte ich mir endlich den Luxus leisten, für kurze Zeit das Bett zu hüten. Ich nutzte diese Gelegenheit auch weidlich aus, denn ich glaubte, nach einem ordentlichen Schlaf würde ich mich besser fühlen. Hatte ich doch seit Lissabon kaum eine ruhige Nacht gehabt. Aber die Zahnschmerzen wichen nicht, und deshalb suchte ich am folgenden Morgen den Schiffsarzt auf. Er behandelte die Entzündung und erklärte, in ein paar Tagen sei alles wieder in Ordnung.

Der Bohrstelle 129 näherten wir uns am frühen Nachmittag des 13. September. Auch sie lag im Bereich des Hellenischen Troges, und zwar am Fuß des Strabo-Berges, eines untermeerischen Gipfels. Es kam hier darauf an, das Schiff haargenau über den Zielpunkt zu manövrieren, und wieder einmal hinderten uns starke Strömungen, rechtzeitig die richtige Position zu erreichen. Bis zur Abenddämmerung mußten wir unsere Manöver immer wieder korrigieren. Erst dann hatten wir den Punkt erreicht, den wir haben wollten. Am 14. September stand ich wieder auf, fühlte mich sehr viel besser, nahm ein herzhaftes Frühstück und löste Ryan auf Wache ab. Die Bohrung lief glatt. Wir bargen einen Bohrkern mit einem etwa 15 Millionen Jahre alten miozänen Mergel. Es bedurfte wohl einiger Erdbeben, um den Strabo-Berg emporzufalten, so daß sich, vermischt mit Material aus jüngeren Formationen, derart altes Gestein durchaus in meeresgrundnahen Schichten finden konnte. Um sicherzugehen, daß es sich bei diesem Stein nicht nur um einen losen Block handelte, der vom Steilhang des Berges herabgefallen war, bohrten wir noch stundenlang weiter. Dabei gelangten wir fünfzig Meter weiter in die Tiefe und entnahmen noch eine Kernprobe. Abermals erbrachte sie den gleichen schwarzen Mergel. Damit stand fest: Wir waren wirklich dabei, die Schichtenfolge unter dem Mittelmeerboden zu durchteufen. Der Mergel war in einem offen Meer abgelagert worden, und dies bestätigte unsere Entdeckung an der Bohrstelle 126. Vor der Salinitätskrise im späten Miozän war das Mittelmeer eine breite Wasserstraße, die den Atlantik und den Indischen Ozean miteinander verband (Abb. 25).

Als die Dinge so weit gediehen waren, einigten sich Ryan und ich, mit Hilfe von Zusatzbohrungen auch noch andere Partien des Trograndes zu untersuchen. Bei alledem wurde mein Zahnweh immer schlimmer, so daß ich noch einmal den Schiffsarzt aufsuchte. Er gab mir Penizillin, um möglichen Sekundärinfekten vorzubeugen, meinte aber, was mich plage, sei eine Mundschleimhautentzündung, keine Infektion des Zahnes.

Abermals zog ich mich zurück und versuchte, etwas Schlaf zu bekommen, doch der Schmerz hielt mich wach. Da ich keine Ruhe fand, stand ich nachts mehrmals auf, um mit Ryan und Maria Cita nachzusehen, welche Fortschritte unsere Bohrungen machten. Die Ergebnisse waren tatsächlich interessant. Ryan hatte die *Challenger* leicht versetzt und am Nordhang des Strabo-Berges eine Zusatzbohrung vornehmen lassen. Der erste dort entnommene Kern enthielt ein Stück grünen Mergels mit zahlreichen Ostrakoden-Fossilien. Dabei handelt es sich um winzige, weichtierartige Geschöpfe, und die Art, die wir hier fanden, lebte nur auf dem Boden eines brackigen Sees. Unserem seismischen Untersuchungsbefund zufolge liegt dieser Mergel unter dem »M-Reflektor« und gehört zur Evaporitformation. Die Ergebnisse dieser Zusatzbohrung lagen mithin auf gleicher Linie mit unserer Entdeckung an Bohrstelle 124: Die ausgetrockneten Mittelmeerbecken verwandelten sich in Brackwasserseen, sobald der Süßwasserzufluß stärker war als die Verdunstung.

Doch nicht einmal durch die freudige Erregung über diese Entdeckung wurden meine Zahnschmerzen besser. Also erörterten Ryan und Anderson um vier Uhr früh in Maria Citas Labor die Möglichkeit, mich zu einem Zahnarzt zu bringen. Kreta war nur etwa 80 Kilometer entfernt. Ich äußerte Bedenken. Wir wußten nicht, wie lange wir an dieser Bohrstelle bleiben würden, und es konnte ja sein, daß man dann auf mich warten mußte. Nachdem ich während der ganzen Kampagne immer wieder gepredigt hatte, keine Zeit zu vergeuden, konnte ich zu allerletzt verlangen, daß ausgerechnet meinetwegen kostbare Schiffszeit geopfert wurde. Doch was gab es für andere Möglichkeiten? Man riet mir, den Kapitän zu fragen. Ich ging kurz nach fünf Uhr hinauf zur Brücke, doch vor sechs stand der Kapitän nicht auf, und ich wollte ihn nicht aus dem Schlaf wecken. Man hatte auch die Möglichkeit erörtert, ein amerikanisches Kriegsschiff anzulaufen, das einen Zahnarzt an Bord hatte. Doch der dritte Maat machte uns klar, wie wenig ratsam das war. Erschöpft und ziemlich verzweifelt ging ich zu Bett, ja ich konnte sogar schlafen.

Eine Stunde später weckte der Kapitän mich auf. Er hatte mit Ryan und dem Schiffsarzt gesprochen. Mir erklärte er nun, man wolle mich im *Blue Fox,* unserem Beiboot, nach Kreta bringen, wenn ich tatsächlich einen schlimmen Zahn hätte. Andererseits bliebe der Schiffsarzt bei seiner Ansicht, daß es nur eine Vereiterung der Mundschleimhaut sei, die mich plage. Ich wußte zwar, daß ich eine Zahninfektion hatte, doch ich diskutierte nicht mit ihm, denn nun war mir klar, der Ausflug nach Kreta würde unsere Bohrpläne durcheinanderbringen. Ich wollte aber unser Programm nicht umwerfen. Auf jeden Fall suchte ich den Schiffsarzt noch einmal auf, und er sah sich meinen Mund an. Die Entzündung war inzwischen fast vollständig abgeheilt. Schließlich gab er die Möglichkeit zu, daß unter der Füllung eines meiner unteren linken Backenzähne, der mir schon mehrere Tage lang heftig weh tat, eine Infektion sitzen könne. So erhielt ich jede Art von Medikamenten: Antibiotika, Morphine, Tranquilizer. Ich schluckte von jedem eine Pille und konnte dann den ganzen Tag vor mich hindösen.

Da ich auf diese Weise aus dem Verkehr gezogen worden war, blieben Planung und Beaufsichtigung unserer Arbeiten fast ausschließlich an Ryan hängen. Gelegentlich ging auch ich einmal zum Kernlabor und nahm an den Diskussionen teil. Bisweilen brachte ich es sogar fertig, Ryan moralische Unterstützung zu geben. Bevor ich selbst diese Aufgabe übernahm, hätte ich nie geglaubt, daß Wissenschaftler, die eine Expedition leiten, dermaßen viele Entscheidungen zu treffen hätten. Manchmal ging es dabei um unwichtige Dinge, manche aber hatten weittragende Bedeutung. Bevor gebohrt wurde, waren wir es, die den Bohrkopf auszuwählen hatten, eine Entscheidung, von der bei einer Bohrung oft Wohl und Wehe abhingen. Und wir haben mehr als einmal die falsche Wahl getroffen. Auch den Fahrplan für die Entnahme von Kernen mußten wir aufstellen, ob etwa der obersten Schicht des Meeresbodens Kerne entnommen werden sollten oder erst in der Tiefe, und zwar alle zwanzig oder alle siebzig Meter. Oder sollten wir einen Kern nach dem anderen heraufholen und dann gelegentlich wieder ein paar Kerne überspringen? Sollten wir beim Bohren den Kernzylinder im Bohrgestänge lassen! Oder sollten wir den Zylinder herausnehmen? Sollten wir jedesmal den Zylinder ganz füllen, oder sollten wir ihn schon nach zwei bis drei Metern wieder emporziehen? Ryan und ich ergänzten einander sehr gut: Ich neigte dazu, tiefer bohren zu lassen, Ryan dagegen war mehr darauf bedacht, keine Möglichkeit zu übersehen, eine vielleicht wichtige Probe zu entnehmen. Doch schafften wir es immer, einen Kompromiß zu schließen.

Am schwersten fiel uns die Entscheidung, aufzugeben. Als wir schließlich wußten, was unsere Bohrausrüstung zu leisten vermochte, kamen wir beide zu nahezu deckungsgleichen Folgerungen, wenn das Bohren zu langsam vor sich ging. Doch nicht alle Mitglieder unseres wissenschaftlichen Stabes wußten, was *wir* wußten, und bisweilen mußten wir rasche Entscheidungen treffen, um weitere Zeitverschwendung zu vermeiden. Da war es dann nicht immer möglich, unsere Gründe in allen Einzelheiten zu erläutern. Dieses Versäumnis rief beispielsweise die von Maria Cita angeführte Opposition auf den Plan, als wir das Bohrloch 126 aufgaben. Im allgemeinen aber durften wir der Unterstützung und des Wohlwollens unserer Kollegen sicher sein, sobald wir nur unsere Gründe dargelegt hatten. Freilich konnten wir das nicht immer. So konnte es vorkommen, daß unsere Kollegen eines Morgens aufwachten und sich an einer neuen Bohrstelle fanden. Und wenn man dann nicht weiß, warum, kann dies schon recht beunruhigend sein.

Bevor wir am Strabo-Berg zu bohren begannen, hatte Ryan unser Vorgehen mit mir durchgesprochen. Wir wußten, wir würden bei unserer Bohrung auf stark verhärtete Sedimente, vielleicht sogar auf hartes Felsgestein stoßen. Außerdem erwarteten wir, verschiedene Formationen in chaotischem Durcheinander zu finden, von Druckkräften übereinandergetürmt, so daß sie eine sog. Melange verschiedenster Gesteinstypen bildeten. Da wir nicht hoffen konnten, innerhalb von ein bis zwei Tagen in einer harten Formation mehr als 100 Meter voranzukommen, beschlossen wir, so viele Informationen wie möglich zu sammeln und an mehreren Stellen nur die Oberfläche dieser vom Zufall zusammengewürfelten Massen verschiedenartigster Gesteine aus verschiedensten Zeitaltern anzubohren. Derartige Zusatzbohrungen verschlingen nur wenig Zeit, solange wir nicht jedesmal das gesamte Bohrgestänge an Deck emporziehen mußten. Und es brachte mehr ein, als wenn wir versucht hätten, koste es, was es wolle, uns mit aller Gewalt an einer einzigen Stelle durch eine harte Formation hindurchzubohren.

Beim ersten Bohrloch an der Bohrstelle 129 gerieten wir an jene Art von Gestein, die uns schon an der Bohrstelle 126 zum Aufgeben gezwungen hatte. Wir benutzten zwar jetzt einen anderen Bohrkopf, mit dem wir bessere Resultate erzielten, doch nachdem wir nur 100 Meter in dieses Gestein eingedrungen waren, kam es fast zu einem vollständigen Bohrstop. Daher beschloß Ryan, nebenan den Bohrer erneut anzusetzen. Dabei stieß er auf starke Opposition. Ich stand gerade rechtzeitig auf, um in die Auseinandersetzung einzugreifen und ihm die Unterstützung zu geben, die er brauchte, um sich durchzusetzen. Schließlich setzten wir drei Bohrlöcher am Fuß des Strabo-Berges und machten an jedem eine andere Entdeckung. Hätten wir uns auf das ursprüngliche Bohrloch an dieser Stelle beschränkt und hätten wir dort weitergebohrt, wären wir vielleicht immer tiefer in eine und dieselbe Formation eingedrungen, doch all die anderen wichtigen und erregenden Einsichten wären uns entgangen. Dies ist nur ein weiteres Beispiel dafür, welche Entschlüsse wir zu treffen hatten, und wir konnten uns glücklich schätzen, daß wir nicht immer die falschen trafen.

16

Gestern Sumpf, morgen Berg

Die Überschrift dieses Kapitels war die Schlagzeile des Berichtes, den der Pariser *Figaro* unserer Forschungskampagne widmete. Die Bezeichnung Sumpf bezog sich dabei auf die Sebchas, die ariden Salzsümpfe und Salzmarschen, auf denen einst die mediterranen Evaporite ausblühten. Den Berg gab es noch nicht. Er befand sich gewissermaßen erst im Embryonalstadium und sollte sich zu einem untermeerischen Rücken entwickeln. In Bill Ryans Doktorarbeit drehte sich alles um die eine These: Der Boden des östlichen Mittelmeeres sei aus der Tiefseeregion emporgehoben worden, so daß der Mittelmeerrücken entstand. Dieser untermeerische Höhenzug werde dereinst einen die Alpen an Mächtigkeit übertreffenden Gebirgszug bilden. Der Beweis, dessen er zur Untermauerung dieser Behauptung bedurfte, war ein Sediment, das klar zeigte: Dieser Mittelmeerrücken war einst ebener Tiefseeboden. Für einen Spezialisten haben die Sedimente einer Tiefsee-Ebene untrügliche Merkmale, die sie eindeutig von Sedimenten unterscheiden, wie man sie normalerweise auf unterseeischen Höhenrücken findet. Von amerikanischen Forschern, insbesondere von Maurice Ewing und Bruce Heezen vom Lamont-Doherty Observatorium für Geologie durchgeführte Kernbohrungen in den Sedimenten der Tiefsee-Ebenen des Nordwestatlantik deuten darauf hin, daß von Unterwasserlawinen mitgeführter Sand und Schlamm seinen Weg in die tiefsten Meerestiefen findet. Derartige Lawinen lassen sich als zeitweilige untermeerische Überflutungen charakterisieren. Sie können zum Beispiel dadurch entstehen, daß Flüsse, die ins Meer münden, ungewöhnlich starkes Hochwasser führen. Eine andere Entstehungsart sind Unterwasser-Erdrutsche an Steilabhängen der Festlandssockel, bei denen sich

Sand- und Schlamm-Massen in die Tiefsee ergießen. Diese Lawinen sind in ihrer Konsistenz dichter als das Meerwasser, weil sie ja Sand und Schlamm mit sich führen. Der Schwerkraft gehorchend, fließen sie daher in die tiefsten Senken der Meeresböden, wo sie sich *abgestuft* absetzen – abgestuft nach der unterschiedlichen Körnung, denn die gröberen Partikel sinken weit eher zu Boden als die länger im Wasser treibenden leichteren und feineren. Schließlich füllen diese in ihrer Körnigkeit sehr unterschiedlichen Ablagerungen sämtliche Senken aus und gleichen somit auch alle Bodenunebenheiten aus. Aus diesem Grunde sind die tiefsten Partien der Ozeane in der Regel eben, so daß man geradezu von »Tiefsee-Ebenen« spricht.

Und genauso, wie Hühnerdraht-Anhydrit das Warenzeichen von Sebchas ist, ist die abgestufte Körnung einer Ablagerung die für Unterwasserlawinen typische Sedimentstruktur. War der Mittelmeerrücken einstmals ein Stück Tiefsee-Ebene, bevor er als untermeerischer Gebirgszug angehoben wurde, müßten sich abgestufte Ablagerungen in den Sedimenten auf ihm finden. Und da wir davon ausgehen konnten, daß die Quelle derartiger Unterwasserlawinen in diesem Falle im Süden, nämlich im Bereich des Nildeltas lag, erwarteten wir, abgestufte Ablagerungen von Wüstensand und schwarzem Schlamm vorzufinden, wie der Nil ihn mit sich führt. Schon auf früheren Fahrten hatte Ryan dem Mittelmeerrücken eine Anzahl von Kernproben entnommen, die aber nur den üblichen ozeanischen Globigerinenschlamm bzw. mit Ton untermischte Skelette von Nanno- und Mikrofossilien erbrachten. Nicht eine einzige dieser Proben enthielt abgestufte Ablagerungen von mit schwarzem Schlamm vermischtem Sand aus dem Nil. Dies überrascht keineswegs, wenn man bedenkt, daß der Mittelmeerrücken sich heute mehr als 1000 Meter über der Tiefsee-Ebene erhebt und heute nicht mehr von Schlamm- und Sandlawinen aus dem Nil erreicht werden kann. Mit der *Challenger* aber konnten wir weiter in die Tiefe gehen. Wenn dieser Rücken einst Tiefsee-Ebene war, mußten wir auch abgestufte Ablagerungen schwarzer Nilschlämme und -sande finden. Das Alter der jüngsten Ablagerung dieser Art müßte uns anzeigen, wann der Meeresboden aufhörte, Tiefsee-Ebene zu sein, und sich aufzufalten begann.

Bohrstelle 130 war das Lieblingskind des Vorsitzenden der JOI-DES-Mittelmeerabteilung, Brackett Hersey, und Ryan stand voll und ganz hinter Herseys Vorschlag, hier zu bohren. Ihren Argumenten war auch eine gewisse zwingende Logik nicht abzusprechen, andererseits enthielten ihre Prognosen zuviel reine Theorie. Bei unseren Planungskonferenzen hatte ich immer die stärksten Bedenken geäußert, allerdings dann zögernd zugestimmt, es auf einen Versuch ankommen zu lassen und im Levante-Becken eine kurze Bohrung vorzunehmen.

Von unserer Bohrstelle am Strabo-Berg war es nur eine kurze Fahrt zu unserem neuen Zielpunkt. Das Bohren ging ohne Zwischenfall vor sich, und schon der erste Kern aus einer Tiefe von nur 23 Metern unter dem Meeresboden gab uns den gewünschten Aufschluß. Unter den farbenreichen pelagischen Globigerinenschlämmen, dem normalen »Furnier« des Rückens, stießen wir auf schwarze Sand- und Schlammablagerungen, die nur aus dem Nil stammen konnten. Dies waren die Ablagerungen der Unterwasserlawinen, nach denen Hersey gesucht hatte. Wir konnten nun folgern: Dieser Teil des Rückens muß in der Tat einst ein Stück Tiefsee-Ebene gewesen sein, bevor er vor einer Million Jahren emporgefaltet wurde, so daß ein untermeerischer Berg entstand.

Daß dieser Rücken sich emporfaltet, ist ein weiteres Indiz dafür, daß Afrika mit Europa zusammenstößt. Während nämlich die Meeresbodenscholle, wie wir an Bohrstelle 127 entdeckten, in die Tiefe einer Erdbebenzone entlang dem Kretischen Bogen abtaucht, machen einige Sedimente wegen ihrer geringeren Schwerkraft diese Abtauchbewegung nicht mit. Sie werden gleichsam von der abtauchenden Scholle abgespalten und – wie wir an der Bohrstelle 129 feststellten – übereinandergetürmt. So entstehen Erhebungen, die schließlich Himalayahöhe erreichen. Orogenese, wie die Entstehung von Bergen heißt, ist ein langwieriger Prozeß. Jahrmillionen vergehen, bis ein Gebirge entstanden ist, und unterschiedliche Teile des Meeresbodens werden zu ganz verschiedenen Zeiten verformt und emporgefaltet.

Mein Zahnweh war zurückgegangen, und ich schlief die ganze Nacht, als die Nilsedimente entdeckt wurden. Am 17. September aber konnte ich den ganzen Tag zusehen, wie immer neues, zusätzliches Beweismaterial aus der Tiefe gefördert wurde. Zylinder um Zylinder voll schwarzen Nilschlamms wurde an Deck gehievt. Am Spätnachmittag wachte Ryan auf, und wir beschlossen, unser Bohrgestänge emporzuziehen, um noch etwas Zeit für die beiden uns noch verbleibenden Bohrstellen im westlichen Mittelmeer zu gewinnen. Die eine davon lag Maria Cita besonders am Herzen, die andere Guy Pautot. Wir wollten unsere Freunde nicht enttäuschen. Am Abend wurde das Bohrgestänge über das Schlammniveau angehoben. Ryan wollte noch eine paar weitere Kernproben in Tiefseebodennähe erbohren, um sie mit den schon früher von ihm entnommenen Proben vergleichen zu können. Da seine Prognosen für die bisher hier durchgeführte Bohrung so hervorragend bestätigt worden waren, brachte ich es nicht übers Herz, ihm die Paar Stunden Schiffszeit zu mißgönnen. Doch diesmal hatte er keine glückliche Hand. Nichts von dem weichen Schlamm blieb im Zylinder, und nach Mitternacht hatten wir zwar sechs Stunden gebohrt, aber nur drei Bohrzylinder voll Wasser vorzuweisen.

Noch eine weitere Bohrung nahmen wir im östlichen Mittelmeerraum vor. Dies an einer Stelle, wo, wie wir glaubten, die Evaporite unmittelbar an der Meeresbodenoberfläche lägen. Doch unsere Erwartungen, die wir in die Bohrstelle 131 gesetzt hatten, erwiesen sich als ganz und gar trügerisch. Wir staken im Nilschlamm fest und schafften es nicht, an die Evaporite heranzukommen. Später durchteuften Ölbohrer in küstenfernem Gebiet vor dem Nildelta miozänen Anhydrit, doch hatten sie sich zunächst durch 2000 Meter dicke Sedimente hindurchzuarbeiten – etwas, das wir nie fertiggebracht hätten.

Am 19. September ging es wieder auf Westkurs. Wir bedauerten, im östlichen Mittelmeerbecken keine ebenso gute Serie von Evaporitkernen erbohrt zu haben wie im Balearen-Raum. Doch unser Hauptziel hatten wir erreicht. Unseren Kernen ließ sich entnehmen, daß das Mittelmeer einst ein tiefes Becken und keineswegs ein Flachmeer war, bevor es im Spätmiozän austrocknete. Das östliche Mittelmeerbecken war, wie wir beweisen konnten, ständigem Druck ausgesetzt, dies insbesondere während der letzten paar Millionen Jahre. Und schließlich: Der Mittelmeerrücken hebt sich. Was gestern Meeresboden war, wird morgen Gebirge sein. Dies alles ergab ein klar umrissenes Bild, das für Spekulationen, wonach das Mittelmeer einst eine flache Salzpfanne war, deren Boden später absank, keinen Raum mehr ließ.

17

Damenwahl

Schon lange ist das Mittelmeer kein »römischer Binnensee« mehr, doch Italiener neigen noch immer dazu, zumindest das Tyrrhenische Meer für sich zu beanspruchen. Dieses Tiefseebecken (Abb. 1) ist mit unterseeischen Vulkanen förmlich gespickt, die wir als untermeerische Berge, englisch *seamounts*, bezeichnen. Einige von ihnen erheben sich über den Meeresspiegel und bilden dann Inseln. Stromboli ist eine typische Vulkaninsel dieser Art. Andere Inseln wie Elba oder das bezaubernde Capri sind nicht vulkanischen Ursprungs. Man betrachtet sie als Trümmer versunkenen Festlands.

Während der letzten Jahre haben italienische Geowissenschaftler ausgezeichnete geophysikalische und geologische Daten über das Tyrrhenische Meer zusammengetragen, und bei unseren Tagungen in Zürich hatten uns die Professoren Morelli, Selli und Cita-Sironi viel von ihren Arbeitsergebnissen mitgeteilt. Natürlich hätten sie es gern gesehen, wenn bestimmte Punkte im Tyrrhenischen Meer vor allen anderen den Vorrang erhalten hätten. Doch gleichzeitig suchten uns die Franzosen den Balearen-Raum schmackhaft zu machen, während die Deutschen es gern gesehen hätten, wenn wir das Ionische Meer bevorzugten. Schließlich waren unsere italienischen Kollegen enttäuscht, als der vom Mittelmeer-Beratungsstab ausgearbeitete endgültige Bohrungsplan nur eine einzige Bohrung im Tyrrhenischen Meer vorsah, die für die Italiener erstrangige Bedeutung hatte. Es waren Zufälle, die die Planung anders laufen ließen.

Professor Morelli hatte nach unserem zweiten Treffen in Zürich in Triest mit Ryan und mir zusammenkommen wollen, um für die Bohrungen im Tyrrhenischen Meer konkrete Pläne auszuarbeiten. Zu diesem Zweck wollte er uns auch bisher noch unveröffentlichte Untersuchungsergebnisse zur Verfügung stellen, in die wir bei unserem Triest-Besuch Einblick erhalten sollten. Leider mußte dieses Zusammentreffen verschoben werden, denn Ryan mußte plötzlich nach Hause. Eine zweite Zusammenkunft Ende April wurde am Vorabend meiner Abfahrt nach Triest kurzfristig abgesagt. Ich erhielt ein Telegramm. Professor Morelli teilte mir mit, seine Universität sei von revoltierenden Studenten besetzt. In letzter Minute mußte Ryan einen Kollegen von Woods Hole um Hilfe angehen. Dieser stellte uns eine Kopie des Berichtes über die gemeinsam durchgeführten amerikanisch-italienischen Forschungsarbeiten im Tyrrhenischen Raum zur Verfügung. Aufgrund dieser Information wählte der Beraterstab jene einzelne Bohrstelle im »italienischen Meer« aus.

Tatsächlich erwies sich Bohrstelle 132 als äußerst wichtig. Wir hatten geplant, ihr kontinuierlich eine Kernprobe nach der anderen zu entnehmen, dies in der Hoffnung auf eine zweite vollständige Abfolge pleisto- und pliozäner Sedimente. Als wir jetzt Kurs West liefen, hatten wir einen zusätzlichen Ansporn, im Tyrrhenischen Meer zu bohren, denn dies würde es uns ermöglichen, die beiden einander widersprechenden Hypothesen über die Entstehung des Mittelmeeres noch einmal zu überprüfen. War auch das Tyrrhenische Meer einst ein tiefes, ausgetrocknetes Becken, in das am Ende des Messinien die Wasser einer plötzlichen, ungeheuren Flut einbrachen? Oder war es ein flaches Festlandsockelmeer, dessen Boden erst nach der Salinitätskrise allmählich absackte? Diese Fragen lagen uns sehr am Herzen, noch mehr aber Maria Cita. Deshalb machten Ryan und ich es uns zur Gewohnheit, sie zu necken, indem wir so taten, als sei das Tyrrhenische Meer zugunsten einer anderen, lohnenderen Aufgabe aus unserem Programm gestrichen. Maria Cita hatte für diese Art von Humor wenig übrig, obwohl sie wußte, daß wir gar nicht ernsthaft daran dachten, ihr diese »Damenwahl« zu verpatzen.

Kurz nachdem wir unsere letzte Bohrstelle im östlichen Mittelmeer verlassen hatten, gerieten wir in stürmisches Wetter. Drei Tage lang hörte das Rollen des Schiffes – eine aus Stampfen (in der Längsachse) und Schlingern (von Seite zu Seite) zusammengesetzte Bewegung – nicht auf. Stradner wurde seekrank. Doch der »harte Kern« zwang sich auch jetzt noch dazu, Tag und Nacht an den Expeditionstagebüchern zu arbeiten. Glücklicherweise klärte sich der Himmel gerade zur rechten Zeit auf, als wir uns der Straße von Messina näherten. Der Kapitän hatte ein wenig Angst davor, sein Schiff mit dem hohen Bohrturm unter der Hochspannungsleitung hindurchzumanövrieren, die quer über diese Meerenge geführt ist. Deshalb forderten wir einen Lotsen an, der uns dicht an der Küste Calabriens entlang sicher durch die enge Passage brachte. Wir hatten das Gefühl, den Leuten an Land so nahe zu sein, daß wir ihnen die Hände schütteln konnten. Wir alle dachten daran, daß hier einst Odyseeus seine unheimliche Begegnung mit Skylla und Charybdis gehabt haben soll. Der Olivenbaum freilich, der ihm seinerzeit das Leben rettete, mußte inzwischen längst dem Straßenbau weichen.

Am Abend des 23. September warfen wir südöstlich von Korsika den Signalsender für die Bohrstelle 132 aus. Hier rechneten wir mit keinerlei Problemen und erhofften uns reibungslos aufeinanderfolgende Proben, denn unsere Ausbeute war in der Regel hundertprozentig, wenn wir es nur mit Bohrkernen aus ozeanischem Globigerinenschlamm zu tun hatten. Bald jedoch merkten wir: Das Mißgeschick, das uns stets verfolgt hatte, war uns auch hier treu geblieben. Einer unserer Bohrmeister formulierte bei dieser Gelegenheit »Charlies Gesetz«, als ich ihn fragte, warum wir keine besseren Ergebnisse erzielten: »Es gibt hundert verschiedene Gründe, etwas falsch zu machen, und wir probieren sie alle durch!«

Unser Pech war in diesem Fall, wie sich herausstellte, ein verstopftes Absperrventil, eine winzige Öffnung an der Seite des Kernzylinders. Der Zufall wollte es, daß die Kunststoffverkleidung innerhalb des Zylinders diese kleine, aber wichtige Öffnung versperrte. Viele Stunden fielen wir von einer Enttäuschung in die andere, bis wir nach zahllosen Experimenten diesen kleinen, aber keineswegs unbedeutenden Fehler behoben hatten.

Als wir dann den fünfundzwanzigsten Bohrkern dieser Bohrstelle emporzogen, gab es weitere Schwierigkeiten, und es kam zu einem kleinen Zwischenfall, den einer unserer Amateurjournalisten an Bord auf folgende Weise schilderte:

WO WAREN SIE, ALS DER SCHLAMM DIE RELING TRAF?

UPI dateline, 25. September 1970, Mittelmeer D/V *Glomar Challenger:* Die Entnahme von Kernproben an dieser wichtigen

33 Eine in Nordborneo erscheinende Zeitung, die über die Entdeckungen der Leg-13-Expedition berichtete, brachte diese Karikatur.

Bohrstelle näherte sich ihrem Ende, als man auf eine dünne, aber harte Schlammschicht stieß. Es wurde Anweisung gegeben, Kerne ohne Plastikeinsatz zu erbohren. Nachdem der Zylinder an Deck gehievt war, stellte man fest, daß der Schlammkern fest an der Innenwand des Zylinders haftete und sich nicht von der Stelle bewegen ließ. So wurde der Kernhalter abmontiert und ins Labor gebracht. Man traf Anstalten, das Sediment durch Wasserdruck aus dem Zylinder hinauszupressen. Der Wasserdruck erhöhte sich langsam auf 1000, 2000 und 3000 Pfund, dann auf 4000, 4500, 4750 und 5000! Plötzlich flog mit dumpfem Knall etwas Formloses in flachem Bogen quer über Bord und über die Steuerbordreling. Ein sanfter Nebel schlammigen Wassers umgab den zurückschnellenden Kernzylinder. Einen Augenblick lang sprangen die in vorderster Linie Arbeitenden in alle Richtungen, doch dann hatten sie sich von dem Schreck erholt, sammelten auf, was umhergeflogen war, und ordneten die überall verstreuten Schlammklumpen, wie es sich eben ergab. Inzwischen stürzte der *Chi-Sci (Chief Scientist)* herbei, fluchte leise vor sich hin und lamentierte wegen des unwiederbringlichen Verlustes des über Bord gegangenen Bohrkerns. Die Wirrköpfe, die den Unfall verursacht hatten, wurden fertiggemacht, weil sie es unterlassen hatten, der Vorsicht halber einen Eimer über das Rohr der Schlammkanone zu halten. Zum Glück sammelte die Mannschaft voller Hin-

151

gabe unter der Leitung von *Chi-Sci* noch weitere Schlammklumpen auf dem Hauptdeck und den Stahlträgern des
Laufsteges. Wissenschaftler und Arbeiter schlossen sich zusammen, und es gelang ihnen mit Hilfe ihrer Intuition, ihrer per-
sönlichen Neigungen sowie je nach Rang und Würde abgestuft, die Teilrekonstruktion von etwa zwei Metern der
Kernzylinderfüllung. Ende der Geschichte! Lediglich ein einsa-
mer Zuschauer, seines Zeichens Amateurmaler, beklagte die
Tatsache, daß eine neugestrichene Parkbank (blau mit schwarzer
Sitzfläche) nun mit Kernprobenmaterial bespritzt war.

Doch trotz dieses kleinen Unfalls und anderer Zwischenfälle bekamen wir all die Globigerinenschlämme, die wir brauchten. Der
wertvollste Fund, der uns an dieser Bohrstelle gelang, war jedoch
ein nur kurzes Kernprobenstück, dem wir faszinierende Aufschlüsse über den Einbruch der großen Flut verdanken.
Dieser einen Probe zufolge sank das Tyrrhenische Becken am Ende der Messinien-Periode nicht ab, sondern es wurde überflutet.
Und zwar fanden wir hier ebenso wie im Balearen-Becken Sebcha-Sedimente, nur daß hier der Hühnerdraht-Anhydrit durch
Grundwasser, das in diesen Teil der messinienzeitlichen Wüste
eingedrungen war, zu Gips wurde. Und wir stießen auf den dunklen Mergel, der in der Übergansphase abgelagert worden war, als
das Mittelmeer sich wieder mit Wasser füllte. Diese schwarzen
Schlamm-Massen bargen Fossilien der Zwerg-Foraminiferen-
Fauna aus dem End-Messinien. Schließlich zeichnete sich ganz
klar jenes Niveau ab, an dem sich genau ablesen ließ, wann der
Naturdamm bei Gibraltar brach, die Fluten des Atlantik sich in die
Tiefen des Mittelmeerbeckens ergossen und das Pliozän begann!
Während der ersten 1000 Jahre dieser neuangebrochenen erdge-
schichtlichen Periode gab es im Mittelmeer nur Organismen, die
im Wasser trieben oder schwammen. Später schafften es dann auch
langsame Meeresbodenbewohner, durch die Straße von Gibraltar
ins Mittelmeer zu krabbeln. Nun erst gab es jene benthonischen
Ostrakoden und Foraminiferen, die Dick Benson und Orville
Bandy fanden. Sie kommen in Sedimenten nur wenige Zentimeter über jenem sich scharf abzeichnenden Horizont vor, der den
Anfang des Pliozäns signalisiert.
Untersuchungen der in den Bohrkernen enthaltenen Mikrofauna-
überreste ermöglichen es uns, uns ein Bild der sich wandelnden

Umweltverhältnisse im Mittelmeer zu machen. Anscheinend wurde die Straße von Gibraltar während des Pliozäns immer seichter, so daß die kalten Tiefengewässer des Atlantiks schließlich keinen Zugang zum Mittelmeer mehr hatten. Daraufhin erwärmten sich die Tiefengewässer des Mittelmeeres immer stärker, und die Kaltwasser liebenden Lebewesen unter den Meeresgrundbewohnern starben allmählich aus. Der letzte der einst in den Mittelmeer-Tiefenbereichen lebenden Ostrakoden ging vor etwa zwei Millionen Jahren zugrunde. Eine Umwälzung der Meeresbodengewässer gab es nur, wenn winterlich abgekühlte Oberflächengewässer im Balearen-Raum oder der Adria auf den Meeresboden absanken.

Im Pleistozän spitzte sich die Situation dermaßen zu, daß es im gesamten ostmediterranen Tiefseebodenbereich wiederholt kritisch wurde. Auf dem Meeresgrund gab es kein Leben mehr, und nur jener stinkende Schwarzschlamm, den die Geologen als *sapropel* bezeichnen, lagerte sich in der Tiefe ab. Wie es scheint, wird die Straße von Gibraltar durch Sedimentablagerungen immer flacher. So wird es schwieriger, den Schaden auszugleichen, den allzu starke Verdunstung im Mittelmeerraum anrichtet. Dennoch gibt es noch immer einen Rückfluß stark salzhaltigen Wassers in den Atlantik, der verhindert, daß sich das Mittelmeer in einen Pfuhl konzentrierter Salzlake verwandelt. Und doch sind die Tage dieses herrlich blauen Meeres gezählt. Höchstwahrscheinlich wird sich alles wiederholen. Man kann sich vorstellen, daß in nicht allzuferner Zukunft – sagen wir in etwa zwei oder drei Millionen Jahren – Gibraltar wieder zur Landbrücke wird. Dann wird es auch wieder einen Wasserfall bei Gibraltar geben.

In der neuentstandenen Wüste, die einmal das Mittelmeer war, gibt es dann keine Kreuzfahrtschiffe mehr, sondern nur noch Kamelkarawanen. Neben dem Salzwasserfall werden riesige Wasserkraftwerke entstehen, um zur Behebung der immer größer werdenden Energiekrise beizutragen. Öltürme werden aus dem Boden schießen, um den Reichtum der riesigen Ölfelder unter den soeben erst ausgetrockneten Salzpfannen auszubeuten, deren Erdölreserven die bisher reichsten des Mittleren Ostens weit übertreffen dürften. Nur mit der Riviera und der Costa Blanca geht's bergab. Die dortigen Badeorte liegen verlassen – abgesehen von ein paar ganz Unerschrockenen, die ausgerechnet in diesen abgelegenen Wüstendörfern Ruhe und Erholung suchen.

18

Eine farbenprächtige Wüste

Zwei Wochen Schiffszeit standen uns noch zu, und davon fielen zwei Tage für die Rückfahrt nach Lissabon weg. Mithin hatten wir nur noch Zeit für eine einzige Bohrstelle. Wir beschlossen, zu den Balearen zurückzufahren, wo es eine unerledigte Arbeit abzuschließen galt. Wir konnten erneut versuchen, unweit der Bohrstelle 124 am Westrand der Balearen-Tiefsee-Ebene bis zum kristallinen Gestein vorzudringen. Doch Guy Pautot erklärte uns, am Ostrande geben es eine weitere Stelle, wo das Untergrundgestein ziemlich hoch läge. Warum sollten wir also nicht am Ostrand des Balearen-Beckens bohren?

Für die Bohrstelle 133 wählten wir einen Punkt, wo wir etwa 100 Meter unter dem Meeresboden den »M-Reflektor« erreichen und 200 Meter weiter unten auf Kristallingestein stoßen mußten. Dabei erwarteten wir, durch weiche Globigerinenschlämme bohren zu müssen und nur eine dünne Evaporitschicht vorzufinden, bevor wir dem Untergrundgestein Proben entnehmen konnte, was unser Hauptziel war.

Aber schon der zweite Kern bescherte uns eine Überraschung. Wir hatten den »M-Reflektor« angebohrt und Anhydrit, Gips, Dolomit oder sonst irgendein anderes Evaporitmineral in unserem Kernzylinder erwartet. Doch als wir den Kunststoffeinsatz öffneten, fanden wir statt dessen wohlgerundete Kiesstücke zwischen intensiv rotem und grünem Schlick. Was hatten *die* hier zu suchen? Wir bohrten tiefer und entnahmen einen weiteren Kern: Weitere rote Schichten. Noch tiefer bohrten wir, und noch ein neuer Kern: Noch mehr Kies, noch mehr grüner und roter Schlick! Keines dieser Sedimente enthielt irgendwelche Fossilien – keine Foraminiferen, kein Nannoplankton, keine Diatomeen, keine Ostrakoden, keine Venusmuscheln, keine Schnecken – nichts! Schließlich begann uns zu dämmern: Wir hatten ein altes Wüstenflußbett angebohrt!

Während unserer Dreitagefahrt nach Osten ins Ionische Meer, einer Fahrt, die wir unternahmen, kurz nachdem uns erstmals der Gedanke gekommen war, daß das Mittelmeerbecken einst eine tiefgelegene, ausgedörrte Wüste gewesen sei, spielte Ryan gern den Advokaten des Teufels und versuchte, unsere neue Theorie zu durchlöchern:

»Nein, es deutet nichts darauf hin, daß das Mittelmeer einst ausgetrocknet war. Flüsse, die sich in ein solches Becken ergießen, führen Sand und Kies mit. Wo ist dieser Sand und Kies? In unseren Bohrkernen fanden wir nur Anhydrit!«

»Wir haben deshalb bisher weder Sand noch Kies gefunden, weil unsere Bohrstellen zu weit von der Küste entfernt sind. Plötzliche Wasserfluten, die blitzartig durch Trockenbetten stürzen, schaffen zwar ein fächerförmiges Schwemmlandgebilde an den Canyon-Abfällen, aber du kannst doch nicht ernsthaft erwarten, daß Flüsse, die nur gelegentlich Wasser führen, Sand und Kies bis in unsere Salzpfanne bringen!«

»Aber Sand und Kies kommen doch auch mitten im Death Valley in Kalifornien vor. Beispielsweise gibt es dort die Dünen bei *Stovepipe's Well* und die Kiese unter *Devil's Golf Course!*«

»Gewiß. Aber denk' doch: Wie klein ist das Tal des Todes im Vergleich zu der Tiefsee-Ebene bei den Balearen! Vielleicht wird man hier hin und wieder vom Winde angewehten Sand finden, aber es ist doch ganz unwahrscheinlich, daß ein Wüstenfluß Hunderte von Kilometern über eine völlig ebene Fläche fließt.«

Mein Argument überzeugte. Dennoch war Ryan nicht ganz zufrieden. Er suchte nach Anzeichen dafür, daß wir uns unsere Wüste lediglich einbildeten. Mit unserem Bohrloch 133 aber waren wir durch Zufall an den richtigen Platz gestolpert. Wir befanden uns 160 Kilometer westlich von Sardinien am Fuß des Kontinentalabfalls. Dieser steile Festlandsabhang war einst eine Gebirgswand, als es infolge der Verdunstung im Balearen-Becken kein Wasser mehr gab, und am Fuß dieses Steilhanges hatten messinienzeitliche Wasserläufe ihre Alluvial-Fächer, wie die fächerartigen Gebilde aus angeschwemmtem Material heißen, aufgebaut (Abb. 34). Mir fiel das Manuskript von Laurie Hardie und Hans Eugster von

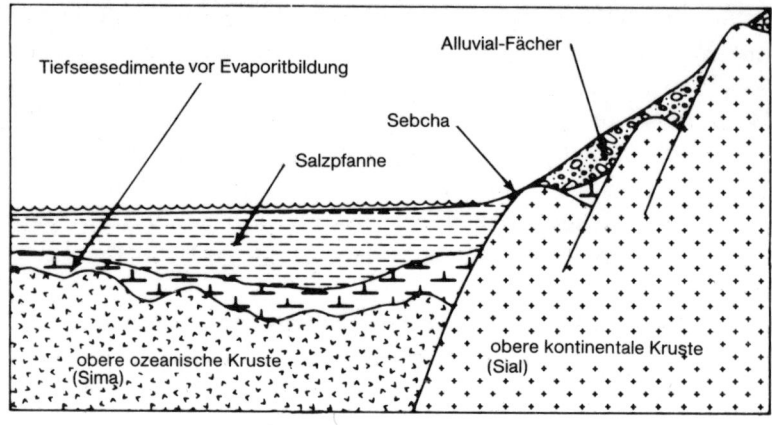

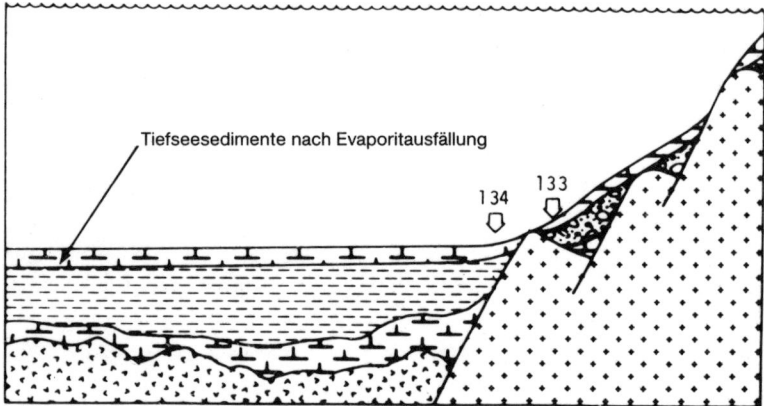

34 Schematische Darstellung der Paläogeographie westlich von Sardinien im späten Miozän (oben) und frühen Pliozän (unten).

der Johns-Hopkins-Universität ein. Beide hatten Trockenbettkiese und rotfarbene Schichten am Rande des Sizilischen Salzbeckens beschrieben.

Ryan wiederum begann sich an die Kiese zu erinnern, die vor einigen Jahren Bourcart aus untermeerischen Canyons im Mittelmeer geholt hatte. Anscheinend waren die Franzosen in den ersten zehn Jahren nach dem Zweiten Weltkrieg recht fleißig gewesen, was die Erforschung der Unterwassertopographie des westlichen Mittelmeers angeht. Damals fanden Bourcart und seine Mitarbeiter auch viele dieser untermeerischen Schluchten. Allerdings scheinen die Canyons im Mittelmeer einen anderen Ursprung zu haben als die an den Kontinentalrändern im Atlantik und Pazifik. Während die Canyons im Atlantik und Pazifik von Unterwasserlawinen geschaffen wurden, gewinnt man den Eindruck, daß es sich im Mittelmeer allem Anschein nach um vom Meer begrabene Flußbetten handelt. Darüber hinaus entstanden viele Canyons vor der Côte d'Azur nicht erst in jüngster Zeit oder während des Pleistozän, wie die Canyons im Atlantik und Pazifik, sondern bereits während des späten Miozän. Teilweise waren sie mit Flußkiesen spätmiozänen Ursprungs gefüllt und unter ozeanischen Globigerinenschlämmen aus dem Pliozän begraben (Abb. 35). Die oberen Talenden vieler dieser großen untermeerischen Canyons lassen sich noch immer mit den Mündungen heutiger Flüsse in Südfrankreich, auf Korsika, in Nordafrika und Spanien in Verbindung bringen. Die Talböden dieser Schluchten kann man wiederum bis etwa auf das Niveau der Tiefsee-Ebene des Balearen-Beckens verfolgen.

Man hat sich den Kopf darüber zerbrochen, woher diese Canyons und Kiese kamen. Bourcart war davon überzeugt, diese Schluchten müßten einst oberhalb des Meeresspiegels von spätmiozänen Flüssen ausgefressen worden sein. Während er die Beweise dafür nicht wahrhaben wollte, daß das Mittelmeer einst ausgetrocknet war, verkündete er die weniger frevelhafte Hypothese, die Kontinentalränder Europas und Afrikas hätten sich gesenkt und die miozänen Küstenflüsse einfach im Wasser verschwinden lassen. Ich vermute, daß unsere französischen Kollegen an Bord der *Challenger* sehr stark von dieser Hypothese ihres verstorbenen Lehrers beeinflußt waren, als sie die Behauptung aufstellten, der Mittelmeerboden sei seit dem Miozän abgesunken. Doch Bourcarts Hypothese war zu keiner Zeit zufriedenstellend. Küstenflüßchen hobeln keine Canyons aus und Bäche lassen ihren Kies im Gebirge. Die spätmiozänen Kiese in den untermeerischen Canyons des Mittelmeers konnten nur von Bergbächen abgelagert worden sein, nicht von faul mäandrierenden Tieflandflüssen auf flachen Küstenebenen.

Als wir im Kernlabor saßen und die roten und grünen Wüstensedimente bewunderten, fiel uns eine neue Erklärung für das ein, was Bourcart fand. Das Mittelmeer war während des Spätmiozäns ausgetrocknet, und man sollte sich einmal eine Wüste vorstellen, die am Fuß des heutigen Festlandsabhangs begann und das gesamte weite Gelände umfaßte, das man jetzt als Balearische Tiefsee-Ebene bezeichnet. Das Bodenniveau dieser Wüste lag mithin mehr als 2000 Meter unter dem Spiegel des Meeres jenseits von Gibraltar. Flüsse in den Ländern rings um das Mittelmeer ergossen sich nicht mehr in ein Binnenmeer auf Meeresspiegelhöhe. Vielmehr hatten sie einen weiten, steilen Weg vor sich über den nun freiliegenden Kontinentalschelf und hinab an der Kontinentalböschung. Ehemalige Küstenebenen horsteten jetzt in schwindelnder Höhe ausgedörrt auf den Hochplateaus, die das ausgetrocknete Balearen-Becken umgaben. Die Wasserläufe, die auf ihrer Talfahrt den Kontinentalabhang hinab noch einmal dasselbe Temperament entwickelten wie in den Gebirgen, aus denen sie kamen, frästen die ragenden Festlandplateaus aus und schufen auf ihrem Wege

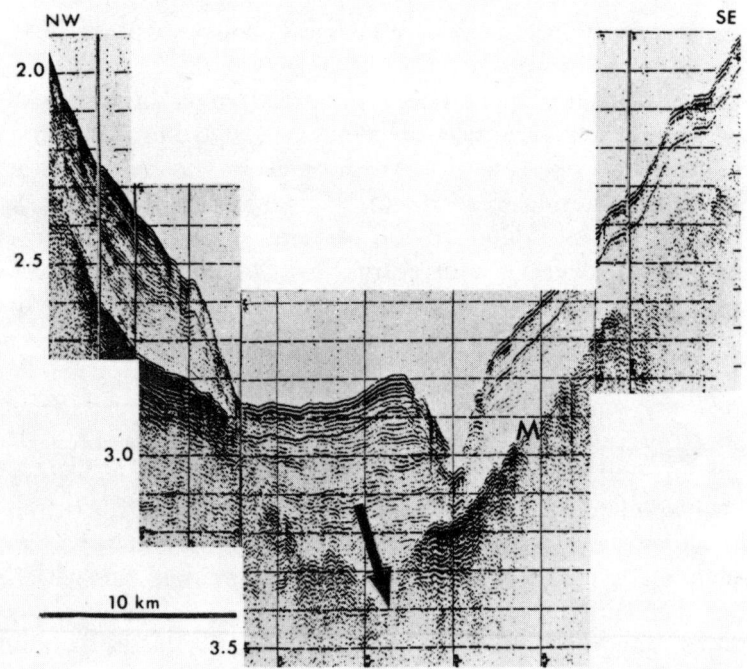

35 Reflektionsprofil zwischen Sardinien (links) und Tunesien (rechts). Man erkennt, wie der M-Horizont durch Wasserläufe erodiert wurde, als das Mittelmeer austrocknete. Das heute hier vorhandene untermeerische Tal wurde von Unterwasserlawinen eingeschnitten. Diese seismische Aufzeichnung wurde 1968 von dem Schiff Amazon gemacht und ist, was die Höhen betrifft, um den Faktor 30 überzeichnet.

hinab in die ausgetrockneten Tiefsee-Ebenen Schluchten, die mit dem Grand Canyon wetteifern konnten. In diesen Canyons lagerte sich Kies ab, und Sand und Schlick verschiedenster Art bildeten Alluvial-Fächer am Fuß der steilen Gefällstrecke. Diese Hypothese erklärt nicht nur das Vorkommen des roten Schwemm-Materials an der Bohrstelle 133, sondern gleichzeitig die Canyons und Kiese Bourcarts. Desgleichen löst sie das seit langem diskutierte Rätsel des so tief eingeschnittenen Rhône-Bettes in Südfrankreich.

19

Das Auge des Stieres

Unsere neue Entdeckung versetzte uns in Hochstimmung, doch Anderson machte sich große Sorgen wegen eines Problems auf der Arbeitsplattform. Der rote und grüne Schlick war von sehr lockerer Beschaffenheit, und unser Bohrloch hatte keine Verkleidung. Daher konnten lose Stücke dieses Materials leicht in das Loch zurückfallen, und wir konnten gar nicht kräftig genug pumpen, um sie wieder herauszuspülen. Das Unvermeidliche kam schließlich, als wir gerade den siebenten Kern erbohrten. Für kurze Zeit mußten wir die Pumpe abstellen, schon brach die Bohrlochwand zusammen, und wieder einmal saßen wir fest, denn unser Bohrgestänge war steckengeblieben. Es war die alte Geschichte: Wir pumpten Schlamm hinein und erhöhten den Druck auf den Bohrstrang. Ryan schlief, und Anderson forderte mich auf, einen neuen Bohrplatz auszusuchen.

Nach ein paar Stunden war der Bohrstrang wieder frei. Ich wollte gern an derselben Stelle weiterbohren. Schließlich hatten wir unser Ziel ja noch nicht erreicht, und dieses hieß, bis hinab zum Kristallingestein vorzudringen. Anderson sagte kategorisch nein. Wir hatten eine Auseinandersetzung und waren beide sehr erregt. Daher beschlossen wir, Ryan zu wecken und uns bei ihm Rat zu holen. Es gab keine Zeit zu verlieren. Die Arbeiter warteten, und wir mußten unverzüglich einen Entschluß fassen. Sollten wir riskieren, noch einmal steckenzubleiben, oder sollten wir aus dem Bohrloch herausgehen, so lange es noch möglich war? Zeit genug hatten wir, um ein anderes Loch bis hinab zum Krustengestein zu bohren. Andererseits würden wir nie bis zum Krustengestein vordringen, wenn wir blieben, wo wir waren, und der Bohrer sich abermals festfraß. Anderson war es, der dies zu bedenken gab, und sein Argument war durchaus gewichtig. Ryan, erst halb wach, gab nach. Ich war wütend. Schon wieder sollten wir eine Bohrstelle aufgeben, ohne das Hauptziel unserer Bohrung erreicht zu haben. Damals wußte ich noch nicht, daß wir bei unserer nächsten Bohrung auf das »Stierauge« stoßen würden.

Die Bezeichnung »Stierauge« stammt von Bob Schmalz. Er verwendete sie, um die Verteilung von Salzpfannenevaporiten zu charakterisieren. Dabei unterschied er zwei unterschiedliche Muster für zwei ganz verschiedene Arten der Evaporitverteilung. Wird eine Reihe von Evaporiten aus einem tiefen Gewässer mit hochprozentiger Salzlösung ausgefällt, das noch in einer gewissen Verbindung mit dem offenen Meer steht, ergibt die Evaporitdistribution auf einer Kartenskizze das Bild einer Träne. Die besonders leicht löslichen Salze und die letzten Salze, die eine solche Lösung absondert, tauchen dann meist an dem Ende auf, das von der Verbindung zum offenen Meer am weitesten entfernt ist. Sind aber Evaporite Rückstände auf dem Boden eines einst vollständig isolierten Beckens, setzt sich an der Peripherie zunächst Karbonat ab – ein Kalkgestein oder Dolomit. Sinkt der Wasserspiegel dann bei gleichzeitiger Zunahme der Mineralienkonzentration, setzt sich ein Ring von Sulfaten ab. Inmitten der tiefsten Senke einer solchen Salzpfanne findet sich schließlich das »Stierauge« wie im Zentrum einer Schießscheibe. Hier werden Steinsalz und andere, leichter lösliche Salze ausgefällt (Abb. 36).

Unsere bisherigen Bohrergebnisse erlaubten es, uns eigene Gedanken über das »Stieraugen«-Muster im Mittelmeerraum zu machen. Wir hatten bereits etwas oberhalb der Tiefsee-Ebenen Sulfatablagerungen an den Beckenrändern gefunden (Abb. 37). Und unseren seismischen Befunden zufolge mußte sich unter den zentralen Tiefsee-Ebenen Steinsalz befinden. Wir waren nunmehr sicher, daß die dort beobachtete Anordnung pfeilerähnlicher Strukturen nichts anderes als Salzstöcke bzw. Salzdome waren. Alles, was wir brauchten, um unsere Deutung zu überprüfen, war eine Salzprobe. Das Problem war nur, daß wir nicht in einen Salzstock hineinbohren konnten, weil die Gefahr bestand, daß wir eine Ölquelle anbohrten und so ungewollt der Verschmutzung des Meeres Vorschub leisteten. Wo wir aber bohren *konnten,* stand nicht zu erwarten, daß wir bis zum Salz hindurchkämen. Zu unserer Entmutigung schwor Anderson auch noch, mit unserer primitiven Ausrüstung würden wir nie einen Salzkern erhalten, selbst wenn wir direkt in ein Salzlager hineinbohrten. Er war sicher, das Salz werde sich längst aufgelöst haben, bevor wir einen Bohrzylinder damit voll hätten – aufgelöst in dem Seewasser, das wir als Kühl- und Spülmittel benutzten. Ryan und ich waren während der letzten paar Tage ziemlich frustriert. Wir waren sicher, daß es hier das »Stierauge« geben müsse – ein weiterer Beweis dafür, daß das Mittelmeer einst ausgetrocknet war. Es lag uns sehr daran, ein Stück Salzgestein heraufzuholen. Andererseits aber war der Optimismus gänzlich unangebracht, der dazu gehört hätte, eine derartige Operation zu planen.

Am späten Vormittag des 29. September ließ Anderson uns in unserer Kabine allein. Wir mußten ausknobeln, wo unsere nächste – und diesmal letzte – Bohrung stattfinden sollte. Unsere Ergebnisse von der Bohrstelle 133 deuteten darauf hin, daß es sich bei der dortigen Erhebung des Meeresbodens um keinen unterseeischen Vulkan, sondern um einen untermeerischen Rücken handelte. Ein dünner Keil von Tiefseesedimenten bedeckte die meerwärts gelegene Seite dieser Erhebung (Abb. 34). Zwar wurde die Zeit nun schon knapp. Aber immer noch war ich von dem Gedanken beses-

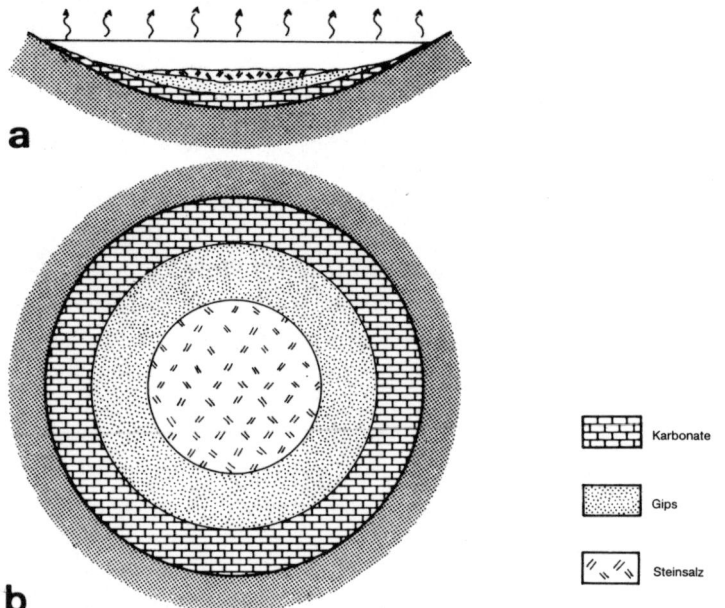

a

b

Karbonate

Gips

Steinsalz

36 Das »Stieraugen«-Muster der Evaporitausfällung. Mit freundlicher Genehmigung des DSDP.

sen, bis zum Kristallingestein unterhalb der Sedimentschichten vorzustoßen. Also schlug ich vor, ganz nahe am Scheitel dieses untermeerischen Rückens zu bohren, wo die Sedimentschichten nur dünn waren. Ryans Gegenvorschlag verwirrte mich völlig: Ryan gedachte weiter seewärts am Fuß des unter Sedimenten begrabenen Rückens zu bohren, wo die Ablagerungsschichten über dem Felsgestein mindestens mehrere hundert Meter dick waren. Ich war in Rage.

»Möglicherweise kommen wir dort gar nicht bis zum Krustengestein durch! Denk' doch an die dicken Tiefseesedimente!«

»Ich weiß. Aber wir haben noch ein paar Tage zur Verfügung. Deshalb keine Panik! Oben auf dem Rücken können wir immer noch zum Kristallingestein durchstoßen, wenn wir wollen. Doch wir haben auch noch Zeit genug, ein Loch unten im Tiefseebecken zu bohren, bevor wir eine Nebenbohrung oben auf dem Rücken beginnen. Ich möchte sehr gern weitere Belege für die pliozäne Überschwemmung finden, die hier im Balearen-Becken stattgefunden hat. Im Bohrloch 124 haben wir sie ja verpaßt.«

»Wir haben keine Zeit dafür. Wenn wir sicher gehen wollen, daß

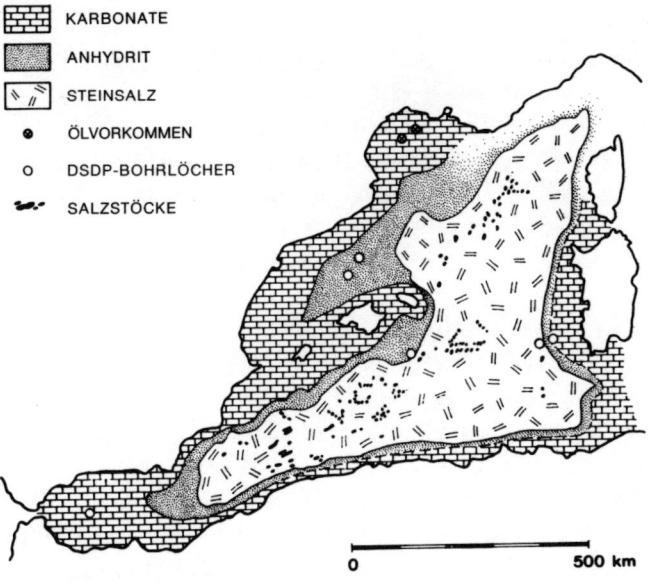

KARBONATE

ANHYDRIT

STEINSALZ

● ÖLVORKOMMEN

○ DSDP-BOHRLÖCHER

SALZSTÖCKE

0   500 km

37 Karte der erschlossenen Verbreitung mediterraner Evaporite im Balearen-Becken, die in Übereinstimmung steht mit der Austrocknungstheorie.

163

wir genau die Nahtstelle zwischen Miozän und Pliozän finden, müssen wir pausenlos Kernproben nehmen. Und soviel Zeit haben wir nicht mehr!«

»Der Versuch lohnt sich, Ken.« Ryan versuchte, mich zu überreden. »Die Bohrmannschaft ist schon ganz nervös und fahrig. Es hat doch in der letzten Zeit soviel Ärger gegeben. Wenn wir oben auf dem Rücken bohren, wo die Sedimente dünn sind, erreichen wir vielleicht das Felsgestein. Aber in dem harten Gestein könnte das Gestänge steckenbleiben und auseinanderreißen, bevor das Bohrloch überhaupt gesichert ist. Dann sind wieder alle aus dem Häuschen. Wir müssen jetzt irgend etwas Sicheres unternehmen, was die Nerven der Leute beruhigt und ihr Selbstbewußtsein hebt. Und wenn wir das nächste Loch dort unten im Becken buddeln, kriegen wir garantiert keinen Ärger. Die kommen leicht durch mehrere hundert Meter Sedimente durch und haben dann das Gefühl, sie haben etwas geleistet. Inzwischen ist das Bohrgestänge stabilisiert, und wir bleiben nicht stecken. Oben auf dem Rücken können wir es mit einer Zusatzbohrung versuchen. Wir haben noch viel Zeit, bevor wir nach Lissabon zurückmüssen!«

»Okay. Du hast gewonnen. Wir versuchen's mit der Bohrung im Becken!« erwiderte ich unwillig. »Doch für die kontinuierliche Entnahme von Kernen haben wir absolut keine Zeit!«

»Das brauchen wir auch erst, wenn wir bis auf ein paar hundert Meter an den »M-Reflektor« herangekommen sind. Wir können warten, bis uns der seismische Befund sagt, daß wir dran sind!«

»Aber du weißt doch, wie wenig unser Gerät taugt. Wir wissen doch niemals genau, wo wir sind. Wenn wir den oberen Rand des Reflektors nicht um 100 Meter verfehlen, dann bestimmt um mindestens fünfzig. Und selbst das bedeutet noch immer sechs Zylinder unmittelbar hintereinander, und alles für nichts und wieder nichts. Wir verschwenden unsere Zeit.«

»Nein. Wir schaffen die Kontaktstelle in fünf Stunden. Immerhin schadet der Versuch niemandem. Und für dein Felsgestein hast du immer noch massenhaft Zeit!«

Also hatten wir wieder einmal einen Kompromiß erzielt. Wir gingen zum Elektroniklabor und breiteten unsere Karten mit den seismischen Profilen aus. Pautots *Charcot*-Forschungsbericht war für uns von besonderem Wert. Beispielsweise konnten wir auf seinen Plänen den »M-Reflektor« identifizieren. Ja wir erkannten sogar einen seismische Wellen reflektierenden Horizont, bei dem es sich um eine Steinsalzschicht handelte. Wir stellten fest: An der von Ryan vorgeschlagenen Stelle lag diese Schicht nur ein paar hundert Meter unter dem Meeresgrund. Wir glaubten aber nicht, daß wir genug Glück hätten, bis zu ihr durchzustoßen. Vielleicht wollten wir auch Anderson nicht voreilig in Alarmzustand versetzen.

Wie auch immer: Wir hatten eine neue Bohrstelle und teilten ihre Koordinaten dem Kapitän mit. Ich schrieb eine neue Prognose und unterrichtete unsere Mitarbeiter an Bord über das neue Vorhaben. Sie waren außer sich, daß wir schon wieder unsere Position wechselten, andererseits aber viel zu müde, um zu protestieren. Die Fahrt zum neuen Ziel war nur kurz, und um 17 Uhr 05 trafen wir an unserer Bohrstelle 134 ein.

Die Arbeit an diesem neuen Platz ließ sich zunächst enttäuschend an. Zuerst gab es Schwierigkeiten mit Anderson. Wir hatten Meinungsverschiedenheiten über irgendeine technische Belanglosigkeit, und Anderson bestand darauf, alles möglichst doppelt abzusichern. Dies kostete uns einige Stunden unserer kostbaren Zeit. Bisher hatten wir Glück gehabt und noch keine Ausrüstung verloren, aber wir begannen zu argwöhnen, daß es Anderson mehr darauf ankomme, sich mit einer weißen Weste aus der Affäre zu ziehen, und daß ihm an wissenschaftlichen Erfolgen sehr viel weniger lag. Er hatte zwar die Bohrarbeiten zu beaufsichtigen, aber er und der Bohrmeister trödelten den ganzen Tag herum, und die Mannschaft konnte erst nach Einbruch der Dunkelheit mit der Bohrung beginnen. Als das jedoch endlich in Gang gekommen war, bohrten wir uns ohne Schwierigkeiten durch die weichen Sedimente hindurch. Nach nur 170 Metern kam Bewegung in die Nadel des Druckmeßgerätes – ein sicheres Zeichen, daß wir auf harten Fels gestoßen waren. Dies war etwa 100 Meter oberhalb der »M-Schicht«, wie Ryan es vermutet hatte. Er beschloß unverzüglich, den ersten Kern heraufholen zu lassen, denn er glaubte, wir seien hier einer falschen Bestimmung des »M-Reflektors« aufgesessen.

Also begannen wir mit der Kernentnahme früher als geplant. Den ganzen Abend wurde ich gefragt, wann wir denn den ersten Kern an Bord erwarteten. Und ich erwiderte die ganze Zeit: »Bald – etwa so in zwei Stunden!«

Später gab ich es dann auf, weitere Prognosen anzustellen. Erst nach Mitternacht hatten wir den Kern oben, drei oder vier Stunden später, als erwartet. Und alles, was wir hatten, war ein Bohrzylinder voll Wasser. Als Ryan sich für ein paar Stunden schlafengelegt hatte, wies ich den Bohrmeister an, unmittelbar anschließend einen zweiten Kern hochzuholen. Etwa zwei Uhr morgens löste Ryan mich ab. Als ich gegen sechs Uhr zum Frühstück ging, erzählte mir Ryan, er habe eine fürchterliche Nacht voller Enttäuschungen hinter sich. Nichts schien zu klappen, und wir hatten praktisch nichts erreicht. Jetzt hatte er derartige Rückenschmerzen, daß er schon wieder Ruhe brauchte. Rückenschmerzen pflegen schlimmer zu werden, wenn alles schiefgeht.

Ich nahm das Logbuch und zog mich zurück. Ich wollte mir ebenfalls ein wenig Ruhe gönnen. Es war ein herrlicher Morgen. Das Meer war ruhig, es herrschte Windstille. Jim, der Bohrmeister, hatte mir vor einiger Zeit versprochen, er werde mich einmal im Fahrstuhl mit hinauf auf die Spitze des Bohrturms nehmen. An diesem Morgen legte ich endlich eine Filmrolle in meine Kamera und erinnerte ihn an sein Versprechen. Es war ein offener Lift. Man hatte fast das Gefühl, auf den Eiffelturm hinaufzufahren. Doch die Aussicht von hier oben war herrlich. Säuberlich aufgestapelt lagen am Bug, Reihe um Reihe, die Rohre des Bohrgestänges. Heckwärts gegen die Sonne blickend, sah ich die Brücke und unsere Unterkünfte. Einige Frühaufsteher genossen bereits an Deck die Morgensonne. Als man mich wieder hinunterließ, bekam ich eine Kostprobe des Respekts und der Zuneigung, die unsere »Rauhbeine« ihren Chef-Wissenschaftlern entgegenbrachten. Ich wurde mit einem Kran aus dem Fahrstuhl des Bohrturms gehoben und auf die Arbeitsplattform hinabgelassen. Doch auf halber Höhe ließ man mich hängen. Nicht genug damit. Man drohte, Wasserschläuche auf mich zu richten und mir zu einem morgendlichen Duschbad zu verhelfen. Auch Jim, der stets Zuverlässige, beteiligte sich an diesem Spaß. Als man mich schließlich wieder aufs Deck hinabließ, blieb mir nichts anderes übrig als stirnrunzelnd zu zitieren: »Auch du, Brutus!«

Bald darauf hatten wir unseren fünften Kern – und unseren ersten Erfolg. Es fand sich ein wenig Schlamm in unserem Bohrzylinder. Er reichte, um Maria Cita die Feststellung zu ermöglichen, wir befänden uns noch immer im Pliozän, und zwar ein gutes Stück oberhalb der Evaporitschichten. Den ganzen Morgen waren wir mit äußerster Vorsicht vorgegangen. Für eine kontinuierliche Kernentnahme hatten wir keine Zeit. Andererseits wollten wir auch nicht zu schnell vorgehen, um nicht den Anschluß zu verlieren. Eine Zeitlang ging alles gut. Wir entnahmen einige Kerne, und ich hatte immer ein Auge auf die Tiefe, in der wir den »M-Reflektor« erwarteten. Die Bohrleute machten sich schon wieder über mich lustig und witzelten, ich wolle vielleicht eine Lotterie eröffnen.

Kurz nach dem Mittagessen wachte Ryan auf und fragte, welche Fortschritte wir gemacht hätten. Immerhin tröstete es ihn, daß wir Kerne eingebracht hatten, wenn sich auch seine optimistische Lagebeurteilung, wonach wir schon nach fünf Stunden den »M-Reflektor« hätten erreichen müssen, als illusorisch erwies. Fast 24 Stunden waren vergangen – kostbare Zeit, die wir reserviert hatten, um unter dem »M-Reflektor« das Kristallingestein zu untersuchen. Jetzt aber hatten wir noch nicht einmal die Evaporitschicht erreicht. Ryan und ich begannen sich Sorgen zu machen, daß wir den seismischen Befund völlig falsch gedeutet hatten.

Da ich zuwenig geschlafen hatte, hätte ich eigentlich alles, was man in wachem Zustande erledigen konnte, Ryan überlassen sollen. Doch ich war innerlich viel zu unruhig, um ins Bett zu gehen. Also ging ich ins Büro, um mich bei der Lektüre alter Forschungsberichte zu entspannen. Ich griff mir zwei dicke Bände heraus, die Jerry Winterer und seine Mitarbeiter während ihrer Fahrt zu den Marianen im Pazifik mit ihren Aufzeichnungen gefüllt hatten.

Nach ein paar Stunden war ich reif fürs Bett. Gerade jetzt aber sollte ein Bohrkern an Bord kommen. Also dachte ich, ich könnte mich ebensogut zur Arbeitsplattform begeben, um wenigstens noch einen Blick auf das geborgene Material zu werfen. Als ich aus dem Büro trat, stieß ich auf der Gangway fast mit Ryan zusammen. Er hielt einen glitzernden Eiszapfen in der Hand. »Koste doch mal,« jubelte er, »es ist salzig! Wir sind auf Steinsalz gestoßen!« Für uns alle war dies eine totale Überraschung.

Ryan ging voran zum Kernlabor. Der Raum war voller Menschen – Wissenschaftler, Techniker, Arbeiter der Bohrmannschaft, Seeleute, ja sogar der Schiffskoch war da. Alle waren gekommen, um den Salzkern zu bewundern. Zwar hatte ihn das eingepumpte Seewasser zur Hälfte aufgelöst, wie Anderson vorausgesagt hatte, doch hatten wir ihn emporgeholt!

Da vielleicht das erstemal während der ganzen Fahrt sämtliche Wissenschaftler beisammen waren, beschlossen wir, zur Erinnerung an diesen historischen Moment ein paar Gruppenbilder machen zu lassen. Irgend jemand weckte Orrin Russie, unseren Fotografen, und wir posierten für die Öffentlichkeit. Auch der Kapitän wurde dazugebeten, und sogar Anderson fand man. Gerade in diesem Augenblick kam Jim, der Bohrmeister, herein und fragte mich leise: »Wieviel haben wir eigentlich gemacht?«

»Salz,« flüsterte ich vor mich hin.

»Nein, ich meine, wie viele Meter Kern macht das insgesamt?«

Der Bohrmeister mußte über die erbohrten und eingebrachten Kerne nach Metern Buch führen.

»O, ich weiß nicht. Schreib 0,5 Meter in deinen Bericht, doch es ist mehr wert als tausend Meter Schlamm?«

Es war das erstemal, daß je vom Meeresboden Steinsalz gefördert wurde. Wir hatten das »Stierauge« im Balearen-Becken getroffen – 3000 Meter unter dem Meeresspiegel!

20

Heimwärts im Mistral

Nach dem Salz war alles andere von geringerer Bedeutung. Wir glaubten, wir hätten die Nahtstelle zwischen dem Miozän und Pliozän verpaßt, nach der wir gesucht hatten, denn wir hatten ja nicht kontinuierlich Kerne entnehmen können. Doch am Abend des 30. September erlebten wir eine angenehme Überraschung. Maria Cita meldete, sie habe soeben noch ein weiteres »stummes Zeugnis einer großen Überflutung« gefunden – dies in einem Kern, der bereits früher hochgebracht, aber jetzt erst geöffnet worden war. Auch das Balearen-Becken war also vor fünf Millionen Jahren plötzlich überflutet worden, als der Naturdamm bei Gibraltar barst.

Außerdem entdeckten wir zwischen zwei Salzkernen eine Schicht mit ozeanischem Globigerinenschlamm, der weitgehend aus den winzigen Skeletten von Tiefsee-Foraminiferen bestand. Das Steinsalz hatte sich herauskristallisiert, als das Auffangbecken ausgetrocknet war. Nun aber hatten wir den Beweis, daß es zwischen zwei Phasen der Austrocknung eine Zwischenzeit gegeben haben muß, in der das Mittelmeer wieder ein echtes, tiefes Meer war. Maria Cita ordnete die Fauna dem Endmiozän zu. Dies deutete darauf hin, daß das Balearen-Becken während des Messinien abwechselnd ein landumgebenes Meer und ein Salzsee war – dies zur gleichen Zeit, als auch das Tyrrhenische und das Ionische Becken zeitweilig ausgetrocknet waren.

Gern hätten wir die Salzablagerung ganz durchteuft, aber wir mußten uns beeilen, wegzukommen. Das Bohren ging nur noch im Schneckentempo vor sich, alarmierender aber war, daß die zwischen Steinsalzlager eingebettete Schlammprobe intensiv nach Erdöl roch. Wenn wir weiterbohrten, konnten wir sehr wohl auf

Erdöl stoßen. Widerwillig hievten wir das Bohrgestänge an Deck und verschlossen das Loch mit Zement. Dann begaben wir uns zu unserer Nebenbohrung auf dem Kamm des untermeerischen Rückens.

Es war kein Problem, unter der dünnen Sedimentdecke hier das kristalline Gestein anzubohren. Ja wir schafften es sogar, von diesem Gestein in einer Reihe von fünf Zusatzbohrlöchern Kernproben zu erhalten. Für das Schiff bedeutete dies ein ständiges Manövrieren, doch Kapitän Clarke erwies sich als außerordentlich hilfsbereit. Er stand auf der Brücke und führte das Kommando, wenn es ein Zusatzloch zu erbohren galt. Während der letzten 60 Stunden unserer Forschungsarbeit taten Ryan und ich kein Auge zu, und auch der Kapitän fand kaum mehr Schlaf. Schließlich drängte man uns, den Bohrstrang an Deck zu ziehen und Kurs auf Lissabon zu nehmen. Die Heimreise war lang, und das Schiff mußte auf offener See noch einmal seine Fahrt verlangsamen und im Schneckentempo kriechen, während die Mannschaft die Bohrausrüstung reinigte und vertäute.

Nur zögernd folgten wir der Anweisung, aufzuhören. Am Mittag des 2. Oktober 1970 sahen wir zu, wie die Bohrmannschaft das Bohrgestänge aus unserem letzten Bohrloch herauszuziehen begann. Maria Cita, Wolf Maync und Forese Wezel zückten ihre Kameras, denn sie hatten bisher kaum Zeit zum Fotografieren gefunden und hatten nun die letzte Chance, die jedem Ballett zur Ehre gereichenden tänzerischen Bewegungen der Bohrleute auf der Arbeitsplattform festzuhalten (vgl. Abb. 24). An diesem Nachmittag gerieten wir ein wenig mit Anderson aneinander, als wir entdeckten: Wir hatten ein paar Stunden zu früh aufgehört, um ihm Gelegenheit zu geben, ein völlig neues Teil der Kernbohrausrüstung auszuprobieren. Das ständige Hickhack zwischen uns beiden wissenschaftlichen Leitern, die wir jede Minute der uns zur Verfügung stehenden Zeit zu nützen wünschten, um unsere wissenschaftlichen Ziele zu erreichen, und dem Bohrleiter, der sich um seine Ausrüstung sorgte und ganz andere Ziele verfolgte als wir, ging also weiter.

Aber es war zum Aufbruch keineswegs zu früh. Der Kapitän gab das Kommando zur Rückfahrt am 2. Oktober 1970, genau um 20 Uhr. Und kaum hatte die Mannschaft die Bohrausrüstung an Bord gehievt und gesichert, begann der Mistral zu wehen. Als der Sturm begann, konnte ich nicht schlafen. Also sah ich mich nach meinen Kollegen um. Ich fand Maria Cita, Wolf Maync und Ryan im Paläo-Lab mit einem ganzen Stapel von Kernen beschäftigt. Sie waren gerade im Begriff, Proben für Experten an Land fertigzumachen. Sie entnahmen Bohrkernen Material, versahen Gefäße zum Transport dieser Proben mit Etiketten und verschlossen die Plastikbehälter dann mit Klebeband. Das Ganze erinnerte mich an eine chinesische Familie, die vollzählig in der Küche versammelt ist, um *won ton* zuzubereiten. Es war eine langweilige Arbeit, aber genau die Arbeit, wie der Arzt sie gegen Schlaflosigkeit verordnet. Also schloß ich mich der *won ton*-Produktions-Mannschaft an.

Als wir beisammensaßen und Rückschau hielten, schien es fast, als hätten wir nur Ärger gehabt. Es begann mit dem Lotsenboot in Lissabon, dem das Benzin ausging. Dann das Hinundher mit Dumitrica und die Drohung, nach Gibraltar zurückzumüssen. Und dann saß der Bohrer fest: in Kies, im Sand, in vulkanischer Asche, in Gips und schließlich in rotem Schlick. Und wenn wir nicht steckenblieben, mahlte unser Bohrgestänge in wachsähnlichem Schiefer oder zerfräste die »Säulen von Atlantis«. Immer wählten wir den falschen Bohrkopf, und hatten wir einmal den richtigen, war er hinüber, kurz bevor wir das kristalline Grundgestein erreicht hatten. So gesehen, war unsere Kampagne ein einziger Alptraum.

Doch hatten wir auch ein gerütteltes Maß an Freude. Wie erregend waren doch die Augenblicke, als wir Ophiolith in einem Bohrkern fanden, unmittelbar bevor wir aufgeben wollten. Als wir zuerst den so ganz und gar ungewöhnlichen Kies ausgespült hatten und schimmernden Gips entdeckten. Als wir auf den ersten schweigenden Zeugen der großen Flut stießen. Als wir das Vorhandensein winziger, molluskenähnlicher Geschöpfe nachwiesen, die ausschließlich in brackigen Seen gelebt hatten. Als wir schwarzen Nilschlamm fanden und dann, zu guter Letzt, als Ryan den glitzernden Salzkern in der Hand schwang. So konnten wir uns selbst auf die Schultern klopfen und bestätigen: Das Geld, das die National Science Foundation für unser Vorhaben ausgegeben hatte, war nicht vertan.

Wir beendeten das Abfüllen der Proben und nahmen unseren üblichen Mitternachtsimbiß ein. Dann ging ich in die Lounge für die Wissenschaftler und versuchte, den Bericht über die Arbeiten an unserer letzten Bohrstelle vorzuskizzieren. Doch wegen des Sturmes hatte ich bald Schwierigkeiten, gerade zu sitzen, und ein kleines Aktenschränkchen in einer Ecke der Lounge verwandelte sich in ein Folterinstrument, weil seine Schubladen im Rhythmus der rollenden Bewegungen des Schiffes auf- und zugingen. Langsam stellten sich Kopfschmerzen ein, und ich ging zurück in meine Kabine.

Ich muß mehr als zwölf Stunden geschlafen haben, hatte aber noch Besinnung genug, mich an der Bettkante festzuhalten. Ryan mußte noch härter kämpfen, um nicht aus seiner oberen Koje herausgeschleudert zu werden. Doch immerhin schlief er, wenn auch nicht allzu tief. Wie müde waren wir doch! Jetzt, wo die Bohrarbeiten beendet waren, kam die große Entspannung, und wir schliefen mitten im Sturm.

Als ich mich am frühen Nachmittag des 3. Oktober in die Messe begab, war der Raum so gut wie menschenleer. Es gab zum Mittagessen keine Steaks, weil die Köche alle seekrank waren. Daher ließ ich mir ein Roastbeef-Sandwich sowie ein Kännchen Kaffee geben und nahm beides mit zur Brücke. Hier hatte der Dritte Maat Wache. Wie er mir sagte, legte sich der Sturm. Während der ganzen Nacht habe das Schiff bis zu 35 Grad gegiert und gekrängt. Niemals sei es an Bord der *Glomar Challenger* so schlimm gewesen. Nicht einmal, als man im Pazifik in einen Taifun geraten sei.

Tags darauf beruhigte sich der Sturm völlig, und als die Mannschaft begann, klar Schiff zu machen und alles festzuzurren, kam sogar die Sonne heraus. Auch für die Wissenschaftler an Bord gab es Arbeit, denn wir hatten bis zu unserer Ankunft in Lissabon die Protokolle über unsere Forschungsarbeiten an Bord anzufertigen. So hielten wir eine lange Besprechung ab und teilten ein, wer welchen Teil des Abschlußreports über unsere Kampagne übernehmen sollte, eines Reports, der dann – es klingt wie Ironie – unter der Bezeichnung »Anfangsbericht des Tiefseebohrprojektes« an die Fachwelt ging. Nach der Besprechung begaben wir uns ans Schreiben. Am Abend begann ich, eine Zusammenfassung unserer an Bord geleisteten Arbeit auszuarbeiten – eine Beschäftigung, mit der ich nicht vor Morgengrauen fertig wurde. Dann aber konnte ich nicht schlafen, obwohl ich zwei Schlaftabletten einnahm. Mehrmals stand ich wieder auf, um zu schreiben. Ryan, der am frühen Abend schlafen gegangen war, bot mir schließlich seinen letzten Whiskey an, um meine Nerven zu beruhigen.

Endlich schlief ich doch. Am darauffolgenden Morgen um 7 Uhr weckte mich der Dritte Maat. Der Kapitän hatte die Rückfahrt zu früh angetreten, und nun wollte er, daß wir die Zeit totschlugen, damit die *Challenger* nicht vor dem vertraglich vereinbarten Zeitpunkt am Kai festmachte. Wir sollten die Zeit für seismische Untersuchungen nutzen. Ich war wütend. Kurz darauf hatte ich eine unangenehme Auseinandersetzung mit dem Kapitän. Wir benötigten den Schlaf dringender als die von ihm angeregten Forschungsarbeiten, und wir brauchten nicht zu überlegen, wie man die Zeit totschlägt, wenn er uns die letzte Zusatzbohrung erlaubt hätte. Bald aber reuten mich meine Wutausbrüche schon wieder. Schließlich hatten wir nahezu acht Wochen zusammengearbeitet, ohne daß es Reibungen gab.

Gereiztheit aber gab es während dieser letzten Tage bei fast allen an Bord. Den stärksten Streß hatte unsere Sekretärin Sue Strand zu ertragen, die den gesamten Bericht über unsere Arbeiten abzutippen hatte. Sue war im Zuge der »Operation Anluven« an Bord gekommen und an die Stelle von Eleanor tum Suden getreten, die während der ersten vier Wochen unserer Kreuzfahrt, als es noch nicht so viele Schreibarbeiten zu verrichten gab, an Bord als »Marineschreiberin« fungiert hatte. Eleanor hatte eine sehr liebenswürdige Art, die Menschen für sich zu gewinnen, der Arbeit jedoch aus dem Wege zu gehen. Für die arme Sue war es daher eine wahre Qual, alles aufzuarbeiten, was liegengeblieben war. Die Hauptmasse der an Bord verfaßten Berichte fiel während der zweiten Hälfte unserer Kampagne an. Insgesamt waren es drei dikke Aktenmappen. Und erst recht am letzten Tage fanden sich alle bei Sue ein, um ihre Manuskriptstapel ins reine schreiben zu lassen. Es braucht kaum erwähnt zu werden, daß Sue keinen Schlaf mehr fand, bis wir Lissabon erreicht hatten. Doch als wir anlegten war unser Bericht säuberlich abgeschrieben und fertig zur Veröffentlichung.

Den ganzen 5. Oktober liefen wir herum und hatten noch dieses und jenes zu erledigen. Am Abend blieb ich in meiner Kabine und entwarf Erklärungen zu den Materialproben, die nach unserer Rückkehr bei einer Pressekonferenz gezeigt werden sollten. Doch dann schaute Maria Cita bei mir herein und forderte mich auf, mit ihr und den Paläontologen ihre letzte Flasche Portwein zu leeren. So ging ich mit ihr hinab ins Paläo-Lab, nippte an dem guten Tropfen und schwelgte – ein letztesmal in dieser Runde – in Erinnerungen. Als Ausklang der kleinen Feier und der gesamten Kampagne verlas Maync ein Scherzgedicht über unsere Erlebnisse an Bord der *Glomar Challenger:*

R 0100 06 10 70
FM Mikroskopie-Lab
An die Wissenschaftlichen Leiter,
D/V *Glomar Challenger*
WNCU

Unseren geliebten Chefs Bill Ryan und Ken Hsü

Der eine ist kontra, der andere pro,
»Vielleicht,« sagt der eine, der and're sagt »No.«
Beider Gedanken sind stets im Konflikt,
Wie das Menschenhirn eben manchmal so tickt.
Verschied'ne Ideen im Kleinen, im Großen
Bringen Ryan und Hsü zum Erbosen.
Um alle die drängenden, bohrenden Fragen
Wirksam zu klären, hätt' ohne Zagen
Einst wohl der Urmensch die Fäuste gebraucht.
Unsern Chefs aber hat nur der Schädel geraucht.
Sie haben erklärt, diskutiert, daß es kracht',
Und auf jeden Fall furchtbaren Wirbel gemacht.
So halfen sie Tumben und Tauben und Blinden,
Den schicklichen Pfad wahrer Weisheit zu finden.

Löcher tief in den Meergrund zu bohren
Fühlen beide sich auserkoren.
Plattentektonik, weltweit betrachtet,
Kontinentaldrift, mit Fragen befrachtet,
Tiefsee-Eb'nen und Untersee-Gräben,
Untermeer-Tröge, keineswegs eben,
Die unterste Kruste, den Ozeanboden –
All dies wünschen sie auszuloten.
Das Tiefengestein, das noch keiner geseh'n
(Bisweilen stammt's nur aus dem Miozän!)
»Bei Gott, wir erbohren's! Das ist eine Wucht!
Darunter liegt noch ne verborgene Schlucht.
In Stücke wir schneiden – der Mühe ist's wert! –
Die Eingeweide der Mutter Erd!"

Besonders beliebt bei Ken und Bill
Ist der »M-Reflektor«, da wette, wer will.
Doch was es heißt, hindurchzukommen,
Haben Bill und Ken erst an Bord vernommen.
Basalte, Tephra plus Andesit
Sind für uns're Chefs ein wahrer Hit.
Wenn davon sie nur ein Stückchen sehn,
Ein Lächeln verklärt die Gesichter der zween.
Doch zu große Hoffnungen bringen kein Glück!
Wie oft klemmt der Bohrer, das treulose Stück!
Und ölige Schiefer sind meist gar nicht nett,
(Obwohl sie glänzen wie flüssiges Fett!).
Auch Kalkstein und Dolomit sind eine Pest,
Weil dergleichen Gestein nicht durchbohren sich läßt.

Die Evaporite sind ganz schrecklich zäh.
»Ach geh'n wir doch, bohren wir anderswo – eh!«
Von Schlamm und Schlick sie schwärmen und träumen,
Wenn sie die Tische von Proben aufräumen.
Und ist der Sand weder gut noch schlecht –
»Unterwasserlawinen« sind immer recht.
Doch nun genug mit Ulk und Spaß!
Wir danken Euch heute für alles, was
Ihr ständig geleistet habt Tag und Nacht,
Und überall habt Ihr fast Wunder vollbracht.
So wünschen Euch beiden viel Gutes heute

Die Foram-, Radi- und Nannoleute.

Epilog

*Es ist eine alte Maxime von mir, daß immer dann, wenn man das Un-
mögliche ausgeschlossen hat, das, was zurückbleibt, die Wahrheit sein
muß.*
Arthur Conan Doyle: *Die verlorene Adelskrone.*

Am 6. Oktober 1970, Punkt 8 Uhr, machte die *Glomar Challenger*
wieder in Lissabon fest. Am Pier begrüßten uns Mel Peterson, der
Chef-Wissenschaftler des Tiefseebohrprojektes, und seine Mitarbeiter. Nach zwei Tagen in Lissabon, wo man uns wie aus einer
Schlacht zurückgekehrte Helden behandelte, verfrachtete man uns
alle nach Paris. Dort hatte das Scripps-Institut mit Hilfe des französischen Nationalzentrums für Meeresnutzung eine Pressekonferenz vorbereitet. Auch Bill Nierenberg, der Forschungsleiter des
Projektes und Direktor des Scripps-Instituts, sowie Dan Hunt von
der National Science Foundation stießen hier zu uns. Wir berichteten der Presse, wie wir 3000 Meter unter dem heutigen Spiegel
des Mittelmeers eine Wüste entdeckt hatten – eine Geschichte,
die auf der ganzen Welt Schlagzeilen machte. Dann widmeten wir
uns der langweiligen Aufgabe, unseren »Anfänglichen For-
schungsbericht« abzufassen.
Wir schilderten das Mittelmeer, wie es vor 20 Millionen Jahren
eine breite Wasserstraße zwischen dem Indischen und dem Atlantischen Ozean war. Als Afrika und Asien zusammenstießen und
vor etwa 15 Millionen Jahren im Mittleren Osten die Auffaltung
von Gebirgen begann, war es mit der Verbindung zum Indischen
Ozean vorbei. Auch zum Atlantik hin gab es nur noch zwei
schmale Verbindungen: die betische im heutigen Südwestspanien
und die Rif-Straße in Nordwestafrika. Unsere Bohrkerne bewie-

sen eine allmähliche Verschlechterung der mediterranen Umweltbedingungen: Der Wasseraustausch stagnierte. Die unausweichliche Folge war das Aussterben der Meeresbodenbewohner, der Lebenskampf für die im Wasser schwimmenden und als Plankton treibenden Organismen wurde immer härter, und schließlich überlebte nur die widerstandsfähigste Population, die sogar imstande war, die Salinitätskrise zu überdauern. Als sich auch noch die letzten Verbindungen zum Atlantik hin schlossen, blieben von dem Binnenmeer eine Reihe großer Salzseen übrig, die ihrerseits allmählich austrockneten, so daß in diesem miozänen Todestal, 3000 Meter unter dem Meeresspiegel, jegliches Leben erstarb. Zwischen dem ausgetrockneten Mittelmeerbecken und dem Atlantischen Ozean gab es nur eine einzige Barriere: die Landenge von Gibraltar. Als vor fünf Millionen Jahren – am Beginn des Pliozäns – dieser Damm brach, donnerte das Wasser des Ozeans als gigantischer Wasserfall durch die entstandene Bresche. Mit einem Volumen von 40000 Kubikkilometern pro Jahr war dieser Gibraltar-Wasserfall hundertmal größer als die Viktoriafälle des Sambesi in Südafrika, ja sogar tausendmal mächtiger als die Niagarafälle! Trotz dieses unvorstellbar gewaltigen Zuflusses dauerte es mehr als 100 Jahre, bis das leere Mittelmeerbecken wieder aufgefüllt war. Welch ein Schauspiel muß das gewesen sein!

Während der messinienzeitlichen Salinitätskrise kam es zur Bildung neuer Faunen, wenn Seewasser über die bestehenden Verbindungen eindrang. Doch die Tiere starben immer wieder aus, wenn Salz ausgefällt wurde. Zur Bildung einer neuen Fauna-Dynastie kam es erst nach der sintflutartigen Überschwemmung mit Atlantikwasser. Nach dem Beginn des Pliozän war die Verbindung zum Atlantik zwar schmal, aber tief, und kühles Wasser aus dem Atlantik fand ohne Schwierigkeit seinen Weg in das erst seit kurzer Zeit wieder bestehende Mittelmeer. Unsere Kernproben bewiesen ferner, daß sich geschichtliche Ereignisse – zumindest Ereignisse der Erdgeschichte – wiederholen können. Die Straße von Gibraltar wird allmählich immer seichter. So können wir uns leicht ausmalen, daß sie schließlich abermals zum Staudamm zwischen dem Atlantik und dem erneut zur Wüste werdenden Mittelmeerbecken wird.

Das waren große Worte. Doch Ryan, Maria Cita und ich sagten nur, was uns die Steine sagen hießen. Natürlich nahm uns nicht jeder unsere etwas ausgefallene Geschichte ab. Doch jede Frage-

und-Antwort-Stunde führte nur dazu, daß wir neue Steine für unser Puzzlespiel fanden. Als wir nach der Landung der *Challenger* das erstemal wieder die Gangway hinabschritten, hatten wir in unserer Sammlung von Evaporitmineralien nur Gips, Anhydrit und Halit aufzuweisen. Überall sahen wir uns der peinlichen Frage ausgesetzt, wo denn das Karbonat wäre – das erste Mineral, das eine verdunstende Salzlake ausfällt. Wir glaubten, gleichsam zu unserer Entschuldigung, auf die Bildung saliner Mineralzonen hinweisen zu können. Vielleicht hatten unsere Bohrlöcher alle die falsche Lage – wir hatten möglicherweise stets nur Regionen angebohrt, in denen ausschließlich Sulfate abgesondert worden waren. Doch war uns klar, wie schwach dieses Argument war. Beispielsweise befand sich unser Bohrloch südlich von Malaga ganz am Rande des Mittelmeers, und dort hätten wir eigentlich ausgesonderten Dolomit finden müssen. Also holten wir noch einmal unsere spätmiozänen Bohrkerne aus dem Bohrloch 121 hervor. Und natürlich fanden wir hier Dolomit. Wir hatten ihn bisher nur übersehen. Aber es wäre natürlich gut gewesen, mehr vorweisen zu können. Diese Hoffnung erfüllte sich ein paar Monate später, nachdem Vladimir Nesteroff Gelegenheit gehabt hatte, in aller Ruhe die zurückgelegten Kernproben zu untersuchen. Dabei fand er in dem Material aus dem Bohrloch 124 ein sehr feines Sediment, das wir an Bord nicht hatten identifizieren können. Das Mineral, aus dem es bestand, war Dolomit!

Man fragte uns auch, warum nicht mehr lösliches Kaliumkarbonat und Magnesiumsalz in unseren Kernen waren, wenn das Mittelmeerbecken ausgetrocknet war. Hierauf konnten wir entgegnen, daß wir ja nur auf eine Ecke des »Stierauges« gestoßen waren, nicht auf sein Zentrum, wo sich die zuletzt ausgefällten Bittersalze häufen. Dieses Argument war durchaus sinnvoll, befriedigte aber die Kritiker nicht. Zwei Jahre nach der Rückkehr aus dem Mittelmeer traf ich schließlich einen Spezialisten für Salzchemie, Robert Kühn von der Kaliforschung in Hannover, der sich freundlicherweise erbot, eine detaillierte chemische Analyse unserer Salzproben durchzuführen. Und tatsächlich fand er Bischofit, eines der löslicheren Magnesiumsalze, das man in einer ausgetrockneten Salzpfanne vorzufinden erwartet. Außerdem führte er eine Reihe von Untersuchungen der Spurenelemente durch, deren Ergebnisse zweifelsfrei unsere Folgerung belegten, daß die Salze des Mittelmeers in flachen Salzpfannen und nicht in tiefen Seen voll hochkonzentrierter Salzlösung ausgefällt worden sein müssen. Anläßlich eines Symposions in Lyon, an dem überwiegend Mikropaläontologen teilnahmen, fragte man Maria Cita, was es denn für geomorphologische Beweise für die Austrocknung des Mittelmeeres gäbe. Wenn das Mittelmeer tatsächlich völlig wasserleer war, müssen ja die Küstenebenen der angrenzenden Länder zu Hochplateaus geworden sein, während die Inseln als gewaltige Berggipfel emporragten. Die erste Reaktion auf ein Absinken des Meeresspiegels hätte eine Verjüngung der Flüsse und eine spürbare Zunahme ihrer Erosionskraft sein müssen. Maria Cita war nicht auf derartige Dinge spezialisiert, doch ein französischer Kollege, G. Clauson, trat ihr zur Seite. Er wies die Teilnehmer des Symposions – und später auch uns – auf das tiefeingehobelte alte Rhônebett und auf Denziots im nachhinein geradezu prophetisch wirkende Interpretation dieses Sachverhaltes hin. Natürlich mündeten noch andere Flüsse ins Mittelmeer. Auch sie müssen damals tiefe Schluchten ausgefräst haben? Wo waren sie?

Es sollte nicht lange dauern, bis Ryan die Antwort fand. Kurz nach unserer Rückkehr in den Hafen erhielt er den Brief eines russischen Geologen namens I. S. Chumakov, der durch einen Bericht in der *New York Times* von unseren Entdeckungen gehört hatte. Chumakov war einer der Experten, die die U. d. S. S. R. als Berater zum Bau des Assuanstaudammes nach Ägypten geschickt hatte. In dem Bemühen, möglichst hartes Gestein für die Fundamente des Dammes zu finden, hatte man 15 Bohrungen vorgenommen. Zu ihrer großen Verblüffung entdeckten die Russen dabei eine tiefe, enge Schlucht unter dem Niltal, die 200 Meter unter dem heutigen Meeresspiegel-Niveau in den harten Granit geschnitten war. Vor etwa fünf Millionen Jahren hatte sich das Tal mit Wasser gefüllt, pliozäne Meeressedimente waren abgelagert worden, über die sich schließlich Nil-Schwemmland breitete (Abb. 38). Dabei liegt Assuan etwa 1200 Kilometer nilaufwärts von der Mittelmeerküste entfernt. Im Nildelta reichten 300 Meter tiefe Bohrungen nicht hin, den Boden des alten Nil-Canyons zu erreichen. Nach Chumakovs Schätzungen müßte der Einschnitt hier 1500 Meter tief sein, und der sowjetische Forscher war der Ansicht, daß es unter den Sanden und dem Schlick des heutigen Nildeltas einen tiefen, unter Flußablagerungen begrabenen Mündungstrichter geben müsse. Er hatte recht. Kürzlich entdeckte man bei geophysikalischen Forschungen – es ging um die Suche nach Erdöl – unter der Stadt Kairo eine 2500 Meter tiefe, mit Sedimenten aufgefüllte canyonartige Schlucht.

Chumakov war nicht der einzige, der verschüttete Schluchten fand. Nach Erdöl suchende Geologen in Libyen schilderten, wie überrascht sie waren. Zunächst registrierten ihre Seismographen Anomalien. Es gab unterirdische lineare Strukturen, durch die seismische Wellen mit abnorm hoher Geschwindigkeit rasten. Als man diese Anomalien anbohrte, stellte sich heraus: Es handelte sich um zugeschüttete Täler, deren Boden bis zu 400 Metern unter dem Meeresspiegel lag. Die gleiche Sprache spricht der geologische Befund. Danach gab es im späten Miozän eine verstärkte Erosionstätigkeit, der Anfang des Pliozäns eine Überflutung mit Meerwasser folgte. Ted Barr und seine Mitarbeiter von der Oasis Oil Company, die ihren Sitz in Tripolis (Libyen) hat, verfaßten darüber einen Bericht und zogen die Folgerung, als die betreffenden Täler ausgehoben worden seien, müsse der Spiegel des Mittelmeeres 1000 Meter oder mehr unter seinem derzeitigen Niveau gelegen haben. Kein wissenschaftliches Journal nahm das Manuskript seinerzeit an, denn niemand wollte eine so ausgefallene Interpretation wahrhaben.

Schließlich fand man in Algerien, Israel, Syrien und anderen Mittelmeer-Anrainerländern immer mehr zugeschwemmte Schluchten und Täler. So gibt es also auch an Land eine Fülle von geomorphologischen Beweisen, die unsere Theorie stützen. Doch bei

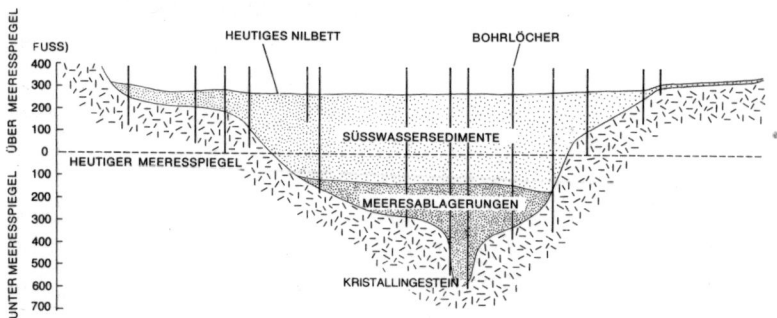

38 Von sowjetischen Geologen bei vorbereitenden Bohrungen für den Bau des Assuan-Staudammes entdeckte tiefe Schlucht unter dem Niltal. Ein Fuß ist 0,30 Meter.

einem Vortrag an der Yale-Universität, bei dem es um die Resultate der *Leg-13*-Expedition ging, fragte ein Student, welche bestätigenden Anhaltspunkte denn aus dem Meere vorlägen. Die ins Mittelmeer mündenden Flüsse müssen ja nicht nur an Land tiefe Erosionsrinnen gezogen haben, sondern sie flossen weiter – über den freiliegenden Kontinentalsockel und die Kontinentalböschung hinab bis zum flachen Boden der Tiefsee-Ebenen, die ihrerseits damals Salzpfannen waren. Wo hat man derartige Kanäle gefunden?

Ryan war nach New Haven gekommen, um meiner Lehrveranstaltung beizuwohnen, und er konnte mir Rückendeckung geben. Er erzählte den Zuhörern von den ausgedehnten ozeanographischen Forschungen der Franzosen im Balearen-Becken und von den bedeutenden Untermeeresschluchten, die sie dabei entdeckt hätten. Diese Canyons sind, wie Ryan erklärte, eindeutig von Flüssen ausgehobelt worden und auch mit Flußkiesen gefüllt. Die meisten von ihnen lassen sich mit einem heute noch existierenden Fluß auf dem Festland in Verbindung bringen, und man kann sie bis zu 2500 Meter hinab an den Rand der Tiefsee-Ebene verfolgen. Auch sie wurden bei der Überflutung zu Beginn des Pliozäns unter Wasser gesetzt. Unterwasser-Canyons dieser Art fand man in allen Teilen des Mittelmeers. Wie sie entstanden sind, dafür hatte man nie eine zufriedenstellende Erklärung gefunden, bis wir Beweise dafür vorlegen konnten, daß das Mittelmeer vor sechs Millionen Jahren ausgetrocknet war.

Diese Erkenntnis ist auch der Schlüssel zu einer Reihe anderer Rätsel. Beispielsweise beginnt man jetzt die Entstehung der ausgedehnten Kavernen in den das Mittelmeer umgebenden Ländern sowie die ganz speziellen topographischen Verhältnisse des jugoslawischen Karsts zu verstehen, wo es im Überfluß Dolinen und Felstürme gibt. Zudem hat man nun auch die Antwort auf die schon seit langem offene Frage, warum auf einer Mittelmeerinsel wie Malta einst der Grundwasserspiegel 3000 Meter unter dem heutigen Meeresspiegel lag.

Nicht nur die geomorphologischen Veränderungen, die mit der Austrocknung des Mittelmeerbeckens Hand in Hand gingen, waren katastrophal, die biologischen waren es nicht minder. Kurz nach meiner Rückkehr schrieb mir Giuliano Ruggieri von der Universität Palermo, er und seine Kollegen hätten Beweise – und zwar sei es die Tierwelt, die diese Beweise liefere –, daß der Salzgehalt des Mittelmeeres während des späten Miozän sich radikal geändert haben müsse. Denn im späten Miozän seien eine Reihe von Meeresorganismen ausgestorben und durch wenige andere Arten ersetzt worden, die beträchtliche Schwankungen des Salzgehaltes zu ertragen vermochten.

Schließlich muß die Tatsache, daß es eine sonnendurchglühte Wüste dort gab, wo sich heute das Mittelmeer ausbreitet, nachhaltige Auswirkungen auf das Klima gehabt haben. Und in der Tat haben europäische Paläontologen festgestellt, daß es während des späten Miozän in Europa eine Veränderung zu einem trockenen Klima hin gegeben haben muß. Beispielsweise wurden damals Waldgebiete im Bereich von Wien zur Steppe. Als im Pliozän das Mittelmeer wieder Wasser führte, wurde das mitteleuropäische Klima feucht und kalt. Von nun an verschlechterte es sich immer mehr bis zur Eiszeit hin.

Auch die Entwicklung des Pflanzenkleides, die ja aufs engste mit klimatischen Veränderungen zusammenhängt, muß außergewöhnlich stark von der Austrocknung des Mittelmeeres beeinflußt worden sein. Als die Trockenheit zunahm, starben mehr und mehr perennierende Pflanzen aus. An ihre Stelle trat eine sich stetig verändernde Vegetation einjähriger Pflanzen, deren Samen im Boden ruhen und lange Dürreperioden überstehen konnten. Auch Insekten wurden immer seltener, und Pflanzen, die auf Fremdbestäubung durch Bienen und dergleichen angewiesen waren, räumten das Feld zugunsten sich selbst bestäubender Arten. Seit der Veröffentlichung meiner Forschungsarbeit suchten immer wieder Experten für mediterrane Floren den Kontakt mit mir. Von ihnen erfuhr ich beispielsweise, daß die Familie *Medicago* sich tatsächlich als Reaktion auf die Krise im Messinien zu dem entwickelt zu haben scheint, was sie ist. Auch gewisse Hafer-Arten nahmen damals ein ähnliche Entwicklung.

Selbst eine nur partielle Austrocknung des vom Ozean abgeschnittenen Mittelmeeres hätte zu einem Absinken des Meeresspiegels innerhalb des Mittelmeerbeckens und damit zu einer Zunahme der relativen Höhen in den Ländern ringsum geführt. Dies wiederum hätte ein Absinken der Vegetationszonen bewirkt. Tiefliegende Flußebenen wären nun hochgelegene Bergwiesen geworden, jüngst freigelegte Kontinentalsockel zu Plateaurändern, wo Nadelwälder wuchsen, und neben flachen Seen voll konzentrierter Salzlösung gab es auf den heutigen Tiefsee-Ebenen aride Salzsümpfe (Sebchas). Genau diese Verteilung der Vegetation wies einer meiner Kollegen an der Zürcher ETH, der Botaniker Gilbert Bocquet, für das Messinien nach. Mittelmeerinseln wie Korsika und Kreta waren während der Austrocknungsperiode im Messinien 4000 Meter hohe Gipfel, auf denen eine Alpenflora gedieh. Nach der Rückkehr des Wassers im Pliozän wurden die alpinen Floren dieser Inseln isoliert. Sie blieben auf den Inseln heimisch und gedeihen nunmehr an Inselstränden weit unterhalb ihrer sonst bevorzugten Berglage. Ja – Bocquet erklärte mir sogar, es sei vollkommen unmöglich, sich auf die gegenwärtige Verteilung der zirkummediterranen Floren einen Reim zu machen, wenn nicht ein neues Modell der Mittelmeer-Pflanzenwelt entwickelt werde, das auf der Annahme beruhe, daß das Mittelmeer vor fünf Millionen Jahren ein tiefes Wüstenbecken war.

Fast möchte man weiter spekulieren, daß die zunehmende Trockenheit und Entwaldung auch die Entwicklung ausgelöst hat, die hin zum Menschen führte. Schließlich behaupten ja Anthropologen immer wieder, daß sich Affenarten zu Wesen mit aufrechtem Gang entwickelten, als sie ihre Waldbäume verließen, um in Steppen und Savannen ihre Nahrung zu suchen. Der Gedanke ist zu verführerisch, doch wir haben keinerlei sicheren Beweis, abgesehen davon, daß die ältesten Hominiden tatsächlich vor etwa fünf Millionen Jahren aufgetaucht sein dürften.

Wirbeltier-Paläontologen verfügen über Beobachtungen, die sie zu der Schlußfolgerung veranlaßten, daß während des Miozän ausgedehnte Landtierwanderungen stattfanden. So konnten afrikanische Antilopen und Wildpferde über die Landenge von Gibraltar nach Spanien galoppieren, bevor diese unter dem Druck der Wassermassen des Atlantik in Stücke barst. Afrikanische Nagetiere konnten aus dem Süden herbeihuschen, um sich in Europa neue Unterkünfte zu bauen, und allem Anschein nach wanderten auch Flußpferde vom Nil bis nach Zypern. Vielleicht hätte es noch viel intensivere und ausgedehntere Wanderungen gegeben, wenn nicht zwischen Afrika und Europa eine Wüste gelegen hätte – eine Wüste, 2000 bis 3000 Meter unter dem Meeresspiegel.

Die plötzliche Isolierung der Mittelmeerinseln nach der Sintflut des Pliozäns führte bei den auf diesen Inseln isolierten Tierarten zu Inzucht und zur Herausbildung lokaler Sonderformen. Jedenfalls erwog ein Zoologe, der sich intensiv mit den Eidechsen der

Adria-Inseln befaßt hatte, diese Möglichkeit in einem Brief, den er mir schrieb. Andere waren überzeugt, daß die Zwergantilopen, die man auf Mallorca und Menorca antrifft, von afrikanischen Antilopenarten abstammen, aber wegen der Isolation der Balearen während der letzten fünf Jahrmillionen eine Sonderentwicklung durchlaufen haben.

Etwas anderes überraschte uns noch viel mehr. Zwar stimmen wir kaum mit H. G. Wells überein, daß Schwalben es sich angewöhnten, über den Mittelmeerraum zu fliegen, als das Mittelmeerbekken trockenes Land war. Doch verblüffte uns eine Entdeckung, die erst in allerjüngster Zeit gemacht wurde. Aale, die in Flüssen leben, welche ins Mittelmeer münden, wandern nicht wie ihre nordeuropäischen und amerikanischen Artgenossen zu der traditionellen Aallaichstätte im Sargasso-Meer. Die südeuropäischen Aale laichen im Mittelmeer. Nahmen sie diese Gewohnheit vor sechs Millionen Jahren an, als sie den gigantischen Wasserfall von Gibraltar nicht zu überwinden vermochten? Natürlich ist dies nicht sicher. Doch die Tatsache, daß das Mittelmeer einmal ausgetrocknet war, gestattet uns durchaus einige unorthodoxe Mutmaßungen im Hinblick auf Probleme der biologischen Evolution.

Das Verschwinden dieses großen Binnenmeeres war wahrscheinlich nicht das einzige Ereignis dieser Art in der Geschichte der Erde. Das Vorhandensein riesiger Salzablagerungen deutet vielmehr darauf hin, daß auch andere Meere einmal ausgetrocknet gewesen sein müssen. Beispielsweise könnte es sich bei den berühmten Zechsteinablagerungen Nordeuropas um die Überreste eines Binnenmeeres handeln, das vor 250 Jahrmillionen austrocknete. Auch die riesigen Salz- und Kaliumchlorid-Schichten in den kanadischen Provinzen Alberta und Saskatschewan, die rund gerechnet 350 Millionen Jahre alt sind, könnten ähnlichen Ursprungs sein. Die Entdeckung, daß ein ganzes, wenn auch verhältnismäßig kleines Meeresbecken vollständig austrocknen und zur Wüste werden kann, war Anlaß, das gesamte Problem der Salzablagerung neu zu durchdenken. Geologen zerbrachen sich den Kopf über das Vorkommen ozeanischer Salzablagerungen unter dem Golf von Mexiko, dem Südatlantik, vor der Küste von Zaïre (Kongo) und Angola, desgleichen unter dem Nordatlantik vor Neuschottland. Wir können nun zumindest unterstellen, daß sich diese Salzablagerungen bildeten, als einst der Golf von Mexiko und dann der

Atlantik isolierte Inlandmeere waren, die allmählich austrockneten.

Die Vorstellung mag manchem sehr weit hergeholt erscheinen, daß das Mittelmeer einst ein tiefes, trockenes, heißes Höllenloch war. Es überrascht uns daher nicht, daß unsere Interpretation nicht allgemeine Zustimmung fand, obwohl das von uns zusammengetragene Beweismaterial keine andere Deutung zuläßt. Bisweilen regt Maria Cita sich noch auf, wenn ihre Kollegen ihr nicht zuhören. Doch spätere Generationen werden beurteilen können, wer recht hatte. Vor 150 Jahren kam ein junger Ingenieur aus Genf auf die ganz und gar verwerfliche Idee, daß Zentraleuropa während des Pleistozäns von dicken Eismassen bedeckt war, denn es gab für das Vorhandensein erratischer Felsblöcke auf den Plateaus der Schweiz keine andere Erklärung. Keiner glaubte ihm damals. Doch von denen, die ihn damals verlachten und kränkten, spricht heute niemand mehr, sondern Generationen von Schülern haben inzwischen gelernt, daß es ein Eiszeitalter gab, und für uns alle ist es heute sichere Gewißheit, daß sich einst tatsächlich so Unvorstellbares ereignete. Das Volumen des Wassers im Mittelmeer hat ungefähr die gleiche Größenordnung wie das der riesigen Eisschollen, die auf Europa lasteten. Sich soviel Wasser wegzudenken ist nicht ungewöhnlicher als die Vorstellung, welche Eisberge sich einst in Europa auftürmten. Niemand bestreitet heute mehr die Vereisung, und irgendwann wird auch den letzten von denen, die heute noch Maria Cita Ärger bereiten, sein Schicksal ereilen. Neue Schülergenerationen werden mit der Schulweisheit aufwachsen, die Austrocknung des Mittelmeeres vor etlichen Jahrmillionen sei so gewiß wie das Amen in der Kirche.

Nachwort

Die Entdeckung von *Leg 13,* wonach unter dem Mittelmeer eine ausgedehnte Evaporitformation liegt, bewies: Es gibt Salz unter Tiefseeböden, und in relativ kurzen Abschnitten der Erdgeschichte können sich gigantische Salzablagerungen bilden. Beginn und Ende der Salinitätskrise sind im gesamten Mittelmeer fast synchron. Dies deutet auf katastrophenartige Umweltveränderungen in einem Gebiet von nicht weniger als 2,5 Millionen Quadratkilometer Flächeninhalt hin. Unsere Deutung, die Evaporitformation sei in einer Zeit abgelagert worden, als das damals schon tiefe Mittelmeer durch Verdunstung ausgetrocknet war, rief in der Fachwelt unterschiedliche Reaktionen hervor. Günstige Stellungnahmen waren nicht selten, manche Kritiker blieben jedoch skeptisch oder waren gar feindselig.

Die Vorstellung ist für jene, die induktives und deduktives Denken gewöhnt sind, nicht schwer zu verdauen. Die beiden entscheidenden Faktoren, die es zu beachten gilt, sind die Tiefe des Beckenbodens und die Tiefe des Salzsees innerhalb des sonst ausgetrockneten Beckens. Wenn wir die beiden Adjektive »tief« und »flach« benutzen, so gibt es unter Berücksichtigung aller Kombinationen und Varianten vier Möglichkeiten: 1.) tiefes Becken, große Wassertiefe; 2.) flaches Becken, geringe Wassertiefe; 3.) tiefes Becken, geringe Wassertiefe und 4.) flaches Becken, dennoch große Wassertiefe. Die vierte dieser rein theoretischen Möglichkeiten kann sofort entfallen, da sie in sich einen Widerspruch enthält und auch rein physikalisch im eigentlichen Wortsinn »unmöglich« ist. Auch die ersten beiden Alternativen kommen nicht in Frage. Die bei unserer Bohrexpedition im Jahre 1970 gewonnenen geologischen Daten reichen hin, um auch sie als unmöglich zu erweisen. Wendet man Sherlock Holmes Grundsatz an, so bleibt Möglichkeit 3, das tiefe Becken mit flachem Wasser – unsere Theorie, wonach das tiefe Mittelmeerbecken ausgetrocknet war, so unwahrscheinlich manchem dies auch vorkommen mag. Doch leider machte unsere Entdeckung Schlagzeilen, noch bevor der wissenschaftliche Bericht veröffentlicht worden war. Verzerrt durch diese Berichterstattung, bei der sämtliche technischen Details unter den Tisch fielen, schuf unsere Behauptung, das Mittelmeer sei ausgetrocknet gewesen, erhebliche Verwirrung. Dies mag dazu geführt haben, daß so mancher, der sonst vielleicht aufgeschlossener gewesen wäre, lieber zögerte, unsere Auffassungen zu übernehmen. Kollegen, deren Forschungsgebiet weitab vom Mittelmeer lag, taten die Sache einfach mit einer Handbewegung ab. Andere hatten sich jahrelang mit dem Problem befaßt, dabei tiefwurzelnde Vorurteile entwickelt, und nun zogen sie es vor, unsere Beobachtungen einfach zu ignorieren, zumal wenn sie ihren eigenen Lieblingsideen zuwiderliefen. Bei anderen hatte man das Gefühl, ihre Ausbildung und Erfahrung reichten nicht hin, einige der Folgerungen unserer neuen Entdeckungen zu verstehen. Beispielsweise klammerten sich einige Kollegen an die Idee einer Salzausfällung aus Salzkonzentrationen in großer Meerestiefe, wobei sie nicht bedachten, daß die vorgefundenen Stromatolithe auf eine dermaßen geringe Wassertiefe hindeuteten, daß das eindringende Sonnenlicht stark genug war, auf dem Boden des Beckens Algen gedeihen zu lassen. Andere betonten immer wieder, während der Evaporitabsonderung sei der Mittelmeerboden flach gewesen, wobei sie übersehen, daß ein Becken unmittelbar oberhalb des ozeanischen Krustengesteins zwangsläufig Tausende von Metern unter dem Meeresspiegel liegen mußte.

Obwohl Ryan, Maria Cita und ich von der Richtigkeit unserer Schlußfolgerungen überzeugt waren, suchten wir nach jeder passenden Gelegenheit, uns noch sachkundiger zu machen. Wir hatten nur sehr wenig Schiffszeit gehabt und nur eine bescheidene Menge Material geborgen, darauf aber unsere weitreichenden Folgerungen aufgebaut. Unser einziger Beweis für das Vorhandensein von Evaporiten im östlichen Mittelmeer bestand aus ein paar Gipsbrocken in dem Schlamm, den wir vom Bohrmeißel gekratzt hatten, nachdem das Gestänge aus dem Bohrloch Nr. 125 gezogen worden war. Ein positiver Nachweis von Kaliumchloridsalz fehlte noch. Wir hatten noch nicht die Basis der Evaporitformation durchteuft, um Untersuchungen über den Beginn der Salinitätskrise anzustellen, und nur sehr wenige unserer Bohrkerne ließen sich als Beweis dafür anführen, daß das Mittelmeer vor seiner Austrocknung ein tiefes Meer war. Außerdem hatten wir nur wenige Angaben darüber, wann und wie das Mittelmeer nicht mehr ein tiefes Meer und noch nicht eine Salzwüste, sondern ein Süßwassersee war. Ja das Beweismaterial war so fragmentarisch, daß nicht einmal die Wissenschaftler, die an *Leg 13* teilnahmen, einer Meinung waren. Nur Maria Cita, Bill Ryan und ich verfaßten den Bericht, in dem wir unsere Theorie von der Austrocknung des Mittelmeer-Tiefseebeckens darlegten, denn nur wir drei waren von der Tragfähigkeit dieser Hypothese überzeugt. Unsere anderen Kollegen bevorzugten Erklärungen anderer Art. Wir waren daher außerordentlich froh, daß JOIDES beschloß, eine zweite Bohrungskampagne im Mittelmeer anzusetzen, nachdem die National Science Foundation noch ein drittesmal ihre Zuschüsse bis Herbst 1975 verlängert hatte.

Die *Glomar Challenger* lief am 2. April 1975 aus Malaga aus. Damit begann *Leg 42A* des Tiefseebohrprojektes DSDP. Am 21. Mai 1975 kehrte sie wieder in einen Hafen zurück – allerdings nicht wieder nach Malaga, sondern diesmal nach Istanbul. Wissenschaftliche Leiter waren Lucien Montadert vom *Institut Français du Pétrole* und ich. Zur Seite standen uns zehn Wissenschaftler. Sie stammten aus Deutschland, Frankreich, Großbritannien, der Schweiz und den Vereinigten Staaten. Maria Cita und ich waren die beiden einzigen Veteranen von der *Leg-13*-Kreuzfahrt. Bei den anderen handelte es sich um Neulinge. Ein JOIDES-Gremium hatte sie ausgesucht, um Objektivität zu gewährleisten. Während der 37 Tage auf See legte die *Glomar Challenger* 6000 Kilometer zurück, bohrte an acht Bohrstellen insgesamt elf Löcher, durchteufte, alles in allem genommen, 4461 Meter Sedimente und barg 670 Meter Kerne. Dennoch konnte ich mich des Gefühls nicht erwehren, daß dies alles nicht mehr so war wie einst. Es fehlte die Erregung der ersten Entdeckungen, die wir während unserer ersten Kampagne empfunden hatten. Die Aufgabe, die man uns nun gestellt hatte, war gleichzeitig nüchterner und schwieriger. Wir hatten auch jetzt unsere Freuden, wir durchlebten Augenblicke der Angst, an Enttäuschungen fehlte es abermals nicht. Was wir ans Licht brachten, war nicht unbeträchtlich. Wir schafften, was uns fünf Jahre zuvor nicht geglückt war – nämlich die Evaporitschicht zu durchbohren, so daß wir uns ein Bild von der frühen Geschichte des Mittelmeeres machen konnten. Und wir fanden unanfechtbare Beweise dafür, daß das Mittelmeer vor seiner Austrocknung schon mindestens zehn Millionen Jahre lang ein tiefes Meer gewesen war. Wir bargen zahlreiche Evaporitproben aus dem östlichen Mittelmeer, denn dazu hatten wir uns schließlich auch auf den Weg gemacht. Wir fanden Kaliumchlorid genau dort, wo wir es erwartet hatten. Diese leichter löslichen Salze, die sich als letzte aus einer dichten Salzkonzentration herauskristallisieren, hätten am tiefsten Punkte des Mittelmeerbeckens sein müssen, und genau dort waren sie auch (Bohrstelle 374, Abb. 2). Sollten wir je eine Technik entwickeln, die Bodenschätze des Mittelmeeres abzubauen, könnten die Kalisalzschichten unter dem Mittelmeer eine schier unerschöpfliche Quelle für die Gewinnung chemischen Düngers sein.

Weiterhin stellten wir fest: Nach der Salzablagerung war das Mittelmeer einige hunderttausend Jahre lang ein brackiger See. Die katastrophale Austrocknung bewirkte anscheinend Umstellungen im gesamten Entwässerungssystem Europas. Gewaltige Ströme in Ost- und Mitteleuropa hatten einst ihre Süßwassermengen in einen riesigen See ergossen, der sich von Österreich bis zum Ural erstreckte (Abb. 39). Als das Mittelmeer austrocknete, wurden sie durch Stromraub, wie es in der Fachsprache heißt, in das Entwässerungssystem des Mittelmeerbeckens einbezogen. Dieser Süß-

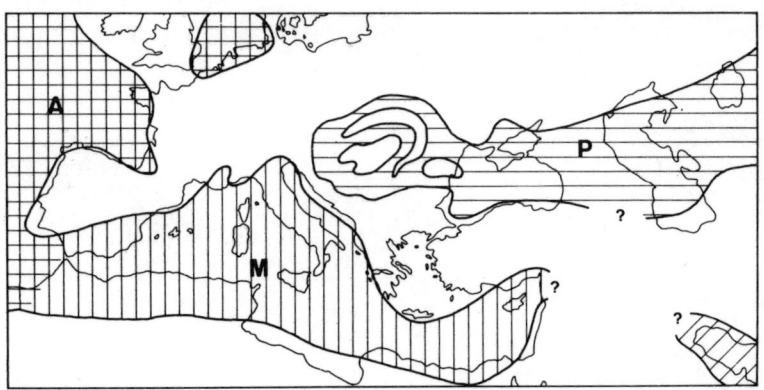

39 Paratethys (P) – das Schwarze Meer, das Kaspische Meer und der Aral-See sind ihre noch existierenden Überreste – und Mittelmeer (M) vor 15 Millionen Jahren.

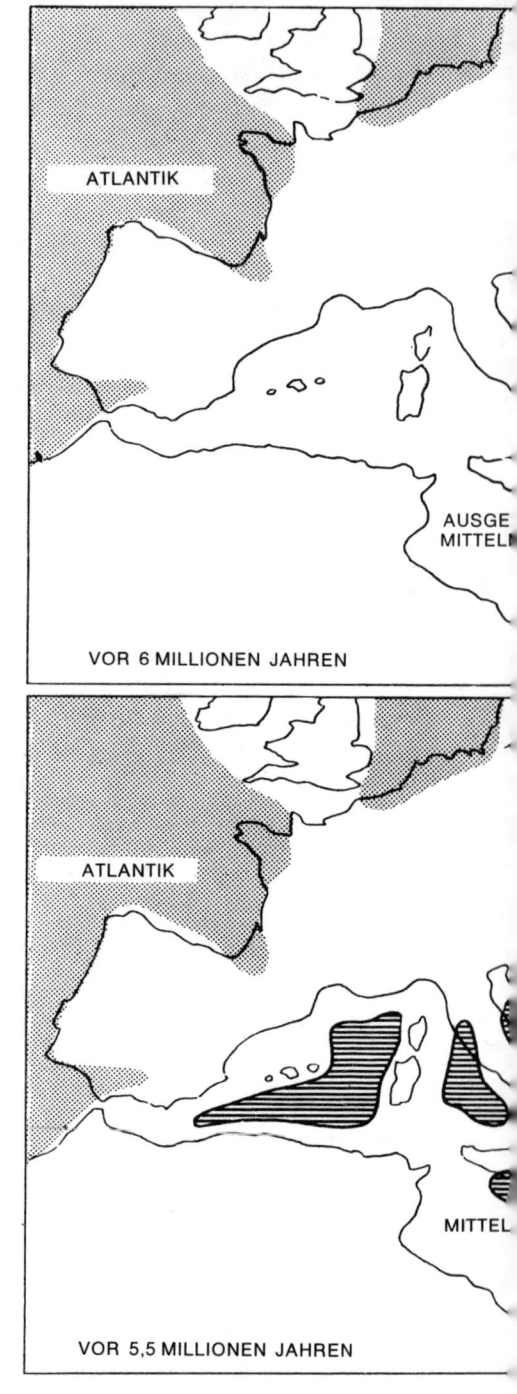

ATLANTIK

AUSGE
MITTEL

VOR 6 MILLIONEN JAHREN

ATLANTIK

MITTEL

VOR 5,5 MILLIONEN JAHREN

40 Die Wasser der Paratethys
ergossen sich in das
ausgetrocknete Mittelmeer
und ließen dort eine Reihe
brackiger Seen entstehen.

190

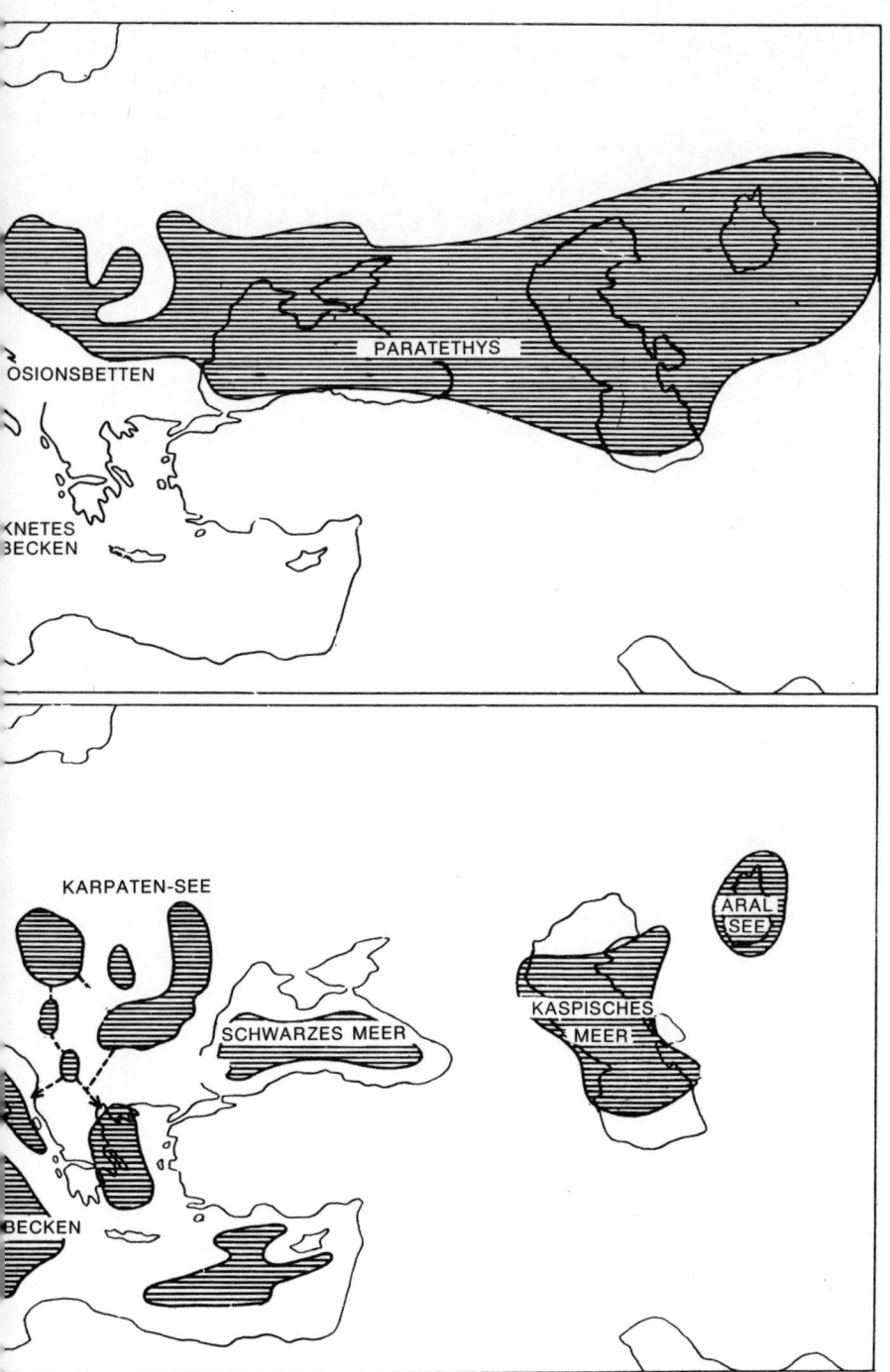

ÖSIONSBETTEN

PARATETHYS

KNETES
BECKEN

KARPATEN-SEE

ARAL
SEE

SCHWARZES MEER

KASPISCHES
MEER

BECKEN

wassereinbruch in die Salzwüste des Mittelmeerbeckens ließ dort einen oder gar eine Serie großer Seen entstehen (Abb. 40). Zu meiner Freude erzielten die Wissenschaftler an Bord beinahe einen Konsens zugunsten der Theorie eines während der Salinitätskrise des Messinien ausgetrockneten tiefen Mittelmeerbekkens. Hinter dem Schlußbericht der *Leg-42A*-Kampagne standen diesmal fast alle Wissenschaftler an Bord. Es gab überhaupt keine Frage: Das Mittelmeer hatte schon lange existiert, bevor es zu der Salinitätskrise kam, und dieses tiefe Meer war bis zum Boden ausgetrocknet, als sich die Evaporite bildeten.

Erklärung der Fachausdrücke

»AALE« Von einem Forschungsschiff im Schlepptau gezogene Meßgeräte (→CSP-Gerät und →»Maggie«).

ABGESTUFTE ABLAGERUNG Sedimentschicht mit nach oben hin immer feiner werdender Körnung.

ALBORAN-BECKEN Mittelmeerbecken zwischen Spanien und Marokko.

ANHYDRIT (griechisch:»ohne Wasser«). Natürlicher wasserfreier Gips (Kalziumsulphat $CaSO_4$), ein Verdunstungsmineral (→Evaporite).

ARROYO (spanisch:»Bach«) Meist tief eingefressenes Trockenbett.

BALEAREN-BECKEN Mittelmeerbecken zwischen Frankreich und Algerien.

BASALT Vulkanisches Gestein (Ergußgestein). In der Regel erkaltete Lava.

BIOSTRATIGRAPHIE Bestimmung des Alters von Gesteinsformationen anhand der in ihnen eingeschlossenen fossilen Lebewesen.

BOHRGESTÄNGE Strang von →Bohrstangen, dessen untersten Teil man als →Bottom-Hole-Assembly bezeichnet. Er verbindet das Schiff mit dem Bohrloch.

BOHRHÜTTE Wellblechhütte auf dem Rüstdeck (der Arbeitsplattform zu Füßen des Bohrturmes), von der aus die Bohranlage in Betrieb genommen und bedient wird.

BOHRMANSCHETTE (DRILL COLLAR) Das unterste Rohr eines →Bohrgestänges, an dem sich der →Bohrmeißel befindet.

BOHRMEISSEL (DRILL BIT) Der eigentliche Bohrer am unteren Ende des →Bohrgestänges.

BOHRSTANGEN Stahlrohre von 9 (einzeln), 18 (doppel) oder 27 (dreifach) Metern Länge, die, zusammengesetzt, das →Bohrgestänge ergeben.

BOHRSTRANG Andere Bezeichnung für →Bohrgestänge.

BOTTOM-HOLE ASSEMBLY Unterster Teil des →Bohrgestänges mit →Bohrmeißel usw.

CSP-GERÄT, CSP-VERFAHREN CSP = *Continuous seismic profiling* (etwa:»Kontinuierliche Aufzeichnung seismischer Profile«). Untersuchung des Meeresbodens nach dem Echolotprinzip mittels Messung der Laufzeiten akustischer Signale, die von einer sogenannten →Luftkanone ausgehen.

DIATOMEEN →Kieselalgen.

DOLOMIT Meist Dolomitspat, ein Doppelsalz mit der Formel $CaMg(CO_3)_2$. Manche Dolomitarten sind →Evaporite.

DSDP   *Deep Sea Drilling Project,* Tiefseebohrprojekt.

EISZEIT, EISZEITEN   →Pleistozän.

ERUPTIVGESTEIN   Bildet sich, wenn das flüssige Gestein des Erdinnern, die sog. Magma, erstarrt. An der Erdoberfläche erstarrte Magma bildet Ergußgesteine, in größerer Tiefe erstarrte Magma bildet Tiefengesteine. →Granit; →Rhyolith.

EVAPORITE   Verdunstungsmineralien. Ausgefällt aus einer durch Verdunstung entstandenen hochkonzentrierten Salzlösung.

FANGLEINE   Innerhalb des →Bohrgestänges in die Tiefe gelassenes Stahlseil mit einem →Scherbolzen zum Hochbringen des →Kernzylinders.

FEUERSTEIN, FLINT   Sehr hartes Kieselgestein (SiO_2).

FORAMINIFEREN   Einzellige Lebewesen, deren Skelette überall in Meeressedimenten anzutreffen sind.

FORAMINIFERENSCHLAMM, GLOBIGERINENSCHLAMM   Weicher Meeresschlamm. Besteht hauptsächlich aus den Skeletten von →Foraminiferen (vgl. aber auch →Nannoplankton).

GABBRO   Dunkles Tiefengestein. Zählt zu den →Ophiolithen.

GEOSYNKLINALE   Meist vom Meer gefüllte Senkungströge der Erdoberfläche von oft beträchtlicher Länge, in denen riesige Massen von Sedimenten abgelagert sind.

GIPS   Kalziumsulphat mit chemisch gebundenem Wasser ($CaSO_4 \cdot 2H_2O$). Zu den →Evaporiten zählend.

GLOBIGERINENSCHLAMM   Andere Bezeichnung für →Foraminiferenschlamm.

GNEIS   Eines der →metamorphen Gesteine.

GRANIT   Auf allen Kontinenten weit verbreitetes Tiefengestein.

JOIDES   *Joint Oceanographic Institutions for Deep Earth Sampling,* Vereinigte Ozeanographische Institute zur Erforschung von Tiefbodenproben.

IONISCHES BECKEN   Mittelmeerbecken südlich von Griechenland.

IPOD   *International Phase of Ocean Drilling,* Internationale Phase der Meeresbodenbohrung.

KARBONATGESTEINE   Karbonathaltige Gesteine wie Kalkspat und/oder →Dolomit.

KERNHALTER   Vorrichtung am unteren Ende des →Kernzylinders, die verhindern soll, daß beim Emporziehen des Zylinders dessen Inhalt heraustropft, falls er weich ist.

KERNZYLINDER   Stählerner, an den Enden offener Zylinder. Man läßt ihn im Innern des →Bohrgestänges in die Tiefe, um die ausgebohrten Bodenproben (»Kerne«, »Bohrkerne«) zu bergen.

KIESELALGEN (DIATOMEEN)   Von Kieselpanzern umgebene Mikroorganismen, u. a. in Brack- und Süßwasser lebend.

KONTINENTALABHANG   Der abschüssige Teil des Meeresbodens zwischen dem →Kontinentalschelf und dem Rande von →Tiefsee-Ebenen.

KONTINENTALSCHELF   Der die Kontinente umgebende untermeerische Sockel (ein Flachmeergürtel, nicht mehr als 200 Meter tief).

KREIDE, KREIDEZEIT   Periode der Erdgeschichte von vor 130 bis vor 65 Millionen Jahren.

KRISTALLINGESTEIN   →metamorphes Gestein.

LEG 3, DSDP Bohrkampagne im Südatlantik (1968/69).

LEG 6, DSDP Bohrkampagne im Pazifik (1969).

LEG 10, DSDP Bohrkampagne im Golf von Mexiko (1970).

LEG 13, DSDP Erste Bohrkampagne im Mittelmeer (1970).

LEG 42, DSDP Zweite Bohrkampagne im Mittelmeer (1975).

LIPARIT →Rhyolith.

LUFTKANONE Energie- bzw. Schallquelle beim →CSP-Verfahren.

»MAGGIE« Von einem Forschungsschiff im Schlepp gezogenes Magnetometer zur Messung der magnetischen Eigenschaften des Meeresbodens.

MELANGE Im Zuge der Gebirgsbildung (Orogenese) entstandenes Gemisch unterschiedlicher Gesteinstypen.

MERCAST Drahtloses Kommunikationssystem.

MERGEL Sedimentgestein aus (meist) Kalkgestein und Ton.

MESOZOIKUM Periode der Erdgeschichte vor 220–65 Millionen Jahren. In drei Unterperioden unterteilt: →Trias, Jura und →Kreide.

MESSINIEN Phase der Erdgeschichte vor 6–5 Millionen Jahren, in der das Mittelmeer wiederholt ausgetrocknet war.

METAMORPHES GESTEIN Gestein, das sich meist unter Druck und/oder hoher Temperatur aus Sediment- oder Eruptivgesteinen durch Umwandlung gebildet hat. Es handelt sich um kristallines Gestein.

MIOZÄN Erdgeschichtliche Epoche von vor 25 bis vor 5 Millionen Jahren.

MOHOLE-PROJEKT Fehlgeschlagener Plan, die Erdkruste zu durchbohren.

M-REFLEKTOR Die Oberfläche der mediterranen →Evaporitschicht.

M-SCHICHT Sedimentschicht unter dem →M-Reflektor.

MUSCHELKREBSE (OSTRAKODEN) Unterklasse der niederen Krebse mit muschelförmiger, zweiklappiger Schale. Sie leben im Meer-, Brack- und Süßwasser.

NANNOPLANKTON Winzige Pflanzen, die im Meer treiben. Ihre kalkigen Skelette bilden den größten Teil der Meeressedimente (vgl. aber auch →Foraminiferenschlamm bzw. Globigerinenschlamm).

OPHIOLITHE Untermeerisch ausgeflossene, erkaltete Laven am Meeresboden.

OROGENESE Die Bildung von Bergen bzw. Gebirgen.

OSTRAKODEN →Muschelkrebse.

PDR Abkürzung für *Precision Depth Recorder,* ein Präzisionsecholot.

PELAGISCH Auf das offene Meer bezogen, zum offenen Meer gehörig, ozeanisch.

PLEISTOZÄN Erdgeschichtliche Periode von vor 2 Millionen bis vor 10 000 Jahren. Phase mehrerer Eiszeiten, in denen große Teile der nördlichen Kontinente von riesigen Eismassen bedeckt waren.

PLIOZÄN Erdgeschichtliche Periode von vor 5 bis vor 2 Millionen Jahren.

QUARTÄR Letzter größerer Abschnitt der Erdgeschichte. Er begann vor 2 Millionen Jahren mit dem →Pleistozän.

QUARZIT Gestein aus eng miteinander verzahnten Quarzkörnern, meist ohne Bindemittel.

RADIOLARIEN →Strahlentierchen.

RHYOLITH Vulkanisches Ergußgestein.

SALINITÄTSKRISE Abnorme Zunahme des Meeressalzgehaltes, so daß das Leben der im Meer heimischen Organismen bedroht ist. Insbesondere die überstarke Versalzung des Mittelmeeres während des Spätmiozän.

SALZSTÖCKE, SALZDOME, SALZHORSTE Oft kubikkilometergroße Salzmassen, welche emporsteigend riesige Säulen bilden, die die über ihnen liegenden Sedimentfolgen durchdringen.

SCHERBOLZEN Vorrichtung am Ende der →Fangleine, die es ermöglicht, den →Kernzylinder an den Haken zu nehmen und emporzuhieven.

SCHIEFER Eines der →metamorphen Gesteine.

SCHIEFERTON Verfestigter Ton oder Schluff.

SEBCHA, SEBKA Arider, tiefgelegener Küstenbereich, Salzsumpf.

SERPENTINIT, SERPENTINITSCHIEFER Ein zu den →Ophiolithen gehörendes Gestein.

»STIERAUGE« Der Ausdruck bezieht sich auf die konzentrische Verteilung ausgefällter Salze in einem ausgetrockneten Meeresbecken, insbesondere in dessen Zentrum, wo man nicht selten Steinsalz findet.

STRAHLENTIERCHEN Radiolarien. Einzellige, im Meer als Plankton treibende Wurzelfüßer mit Kieselskelett.

STROMATOLITH Kalkhaltiges Gestein, in der Regel mit Algeneinschlüssen.

TEPHRA Vulkanische Asche.

TETHYS Von den Geologen angenommenes altes Meer zwischen Eurasien und Afrika, dessen Überrest das östliche Mittelmeerbecken ist. Benannt nach einer Gestalt der griechischen Mythologie: einer Titanin, Tochter des *Uranos* (des Himmels) und der *Gaia* (der Erde), Schwester und Gemahlin des *Okeanos* (des Ozeans).

TIEFSEEBOHRPROJEKT →DSDP.

TIEFSEE-EBENE Flaches untermeerisches Becken, meist tiefer als 2000 Meter unter dem Meeresspiegel.

TRIAS Periode der Erdgeschichte vor 220–170 Millionen Jahren.

TRUBI Bezeichnung der pliozänen Formation, die sich in Sizilien unmittelbar oberhalb der Evaporitschicht findet.

UNTERGRUNDGESTEIN Massives Felsgestein an der Basis einer untermeerischen Sedimentabfolge. Sehr oft ein Basalt.

UNTERWASSERLAWINE Englisch: *turbidity current*. Untermeerische Strömung, die große Mengen Schlamm und Kies mit sich führt.

VALENCIA-TROG Der Bereich des Meeresbodens zwischen Spanien und den Balearen.

ZUSATZBOHRUNG, NEBENBOHRLOCH (OFFSET HOLE) Bohrloch neben dem ursprünglichen Bohrloch einer Bohrstelle. Das Schiff braucht für eine solche Zusatzaktivität seine anfängliche Position nur ganz geringfügig zu verändern. Das Bohrgestänge wird zwar aus dem ersten Bohrloch gezogen, braucht für die Zusatzbohrung jedoch nicht an Bord gehievt zu werden.

Personen- und Sachregister

Abu Dhabi 24, 26
Alboran-Becken 77, 178
Algen, blaugrüne 25
Algenmatte 25, 26
Alpen 41, 70, 71
Anderson, Roy 54, 80, 81, 82, 88, 89,
  92, 93, 94, 98, 99, 110, 111, 120,
  121, 128, 129, 130, 134, 140, 145,
  152, 154, 155, 159, 162, 164, 165
Andesit 88, 175
Anhydrit 24, 106, 110, 112, 118,
  119, 128, 147, 178
Argand, Emil 47, 48, 101, 133
Atlantik 14, 15, 18, 26, 30, 32, 36,
  40, 44, 45, 54, 59, 60, 69, 70, 76,
  89, 108, 118, 122, 134, 140, 146,
  147, 152, 153, 157, 176, 177, 183
Atlantis 18, 20, 24, 26, 43, 108, 110,
  111, 171

Bahamas 25
Balearen 20, 154, 155
Balearen-Becken 48, 98, 101, 106,
  111, 112, 133, 147, 148, 152, 153,
  154, 155, 157, 158, 163, 168, 181
Barr, Ted 180
Basalt 13, 70, 83
Binnenmeer 14, 42, 76, 177, 184
Benson, Dick 118, 152
Berggren, Bill 30
Black, Maurice 25
Bocquet, Gilbert 183
Bohrgestänge 51–53, 68, 76, 86, 97,
  121, 170, 171
Bohrstelle 120: 76
Bohrstelle 121: 77, 84, 178

Bohrstelle 122: 84, 88, 104, 124
Bohrstelle 123: 89
Bohrstelle 124: 20, 105, 110, 111,
  112, 140, 154, 163, 178
Bohrstelle 125: 119, 122, 124, 125,
  127, 187
Bohrstelle 126: 127, 129, 140, 142,
  143
Bohrstelle 127: 133, 146
Bohrstelle 129: 139, 143, 146
Bohrstelle 130: 146
Bohrstelle 131: 147
Bohrstelle 132: 149, 150
Bohrstelle 133: 154, 155, 159, 162
Bohrstelle 134: 106, 165
Bohrstelle 374: 189
Bourcart 156–159
Brunot, Ken 50, 82, 83
Bullard, Teddy 41

Canyon 157, 159, 179, 181
Capri 148
Chain (R/V) 15
Charcot (R/V) 61, 85, 92, 101, 164
Chumakov, I.S. 179, 180
Cita, Maria 26, 28, 30, 50, 56, 57, 73,
  75, 78, 94, 107, 108, 112, 117,
  127, 131, 133, 137, 140, 142, 149,
  166, 169, 170, 171, 173, 178, 185,
  187, 188
Clarke, Joseph 55, 81, 82
Clauson, G. 179
Conrad (R/V) 125
Cover, Dell 105

197

199

Weiterführende Literatur

Inzwischen befassen sich zahlreiche Bücher und Fachartikel mit der Austrocknung des Mittelmeeres. Wer daran interessiert ist, sich eingehender zu informieren, sei auf folgende Veröffentlichungen hingewiesen:

Initial Reports of the Deep Sea Drilling Project, Band 13, Hrsg. W.B.F.Ryan und K.J.Hsü, desgl. Bd.42A, Hrsg. K.J.Hsü und L.Montadert. Washington, D.C.: U.S. Government Printing Office, 1973 und 1978.

K.J.Hsü, W.B.F.Ryan und Maria Bianca Cita: Late Miocene Desiccation of the Mediterranean, in: Nature 242 (1973), Seiten 240–244.

K.J.Hsü, L.Montadert, D.Bernoulli, Maria Bianca Cita und andere: History of the Mediterranean Salinity Crisis, in: Nature 267 (1977), Seiten 399–403.

Maria Bianca Cita und R.Wright (Hrsg.): Geodynamic and biodynamic effects of the Messinian salinity crisis in the Mediterranean, in: Palaeography, Palaeoclimatology, Palaeoecology, 29, Nr.1–2 (1979).